W0257830

Sitzungsberichte der Heidelberger Akademie der Wissenschaften

Mathematisch-naturwissenschaftliche Klasse

Die Jahrgänge bis 1921 einschließlich erschienen im Verlag von Carl Winter, Universitäts-buchhandlung in Heidelberg, die Jahrgänge 1922—1933 im Verlag Walter de Gruyter & Co. in Berlin, die Jahrgänge 1934—1944 bei der Weiß'schen Universitätsbuchhandlung in Heidelberg. 1945, 1946 und 1947 sind keine Sitzungsberichte erschienen.

Jahrgang 1939.

1. A. SEYBOLD und K. EGLE. Untersuchungen über Chlorophylle. DM 1.10.
2. E. RODENWALDT. Frühzeitige Erkennung und Bekämpfung der Heeresseuchen. DM 0.70.
3. K. GOERTTLER. Der Bau der Muscularis muscosae des Magens. DM 0.60.
4. I. HAUSSER. Ultrakurzwellen. Physik, Technik und Anwendungsgebiete. DM 1.70.
5. K. KRAMER und K. E. SCHÄFER. Der Einfluß des Adrenalins auf den Ruheumsatz des Skeletmuskels. DM 2.30.
6. Beiträge zur Geologie und Paläontologie des Tertiärs und des Diluviums in der Umgebung von Heidelberg. Heft 2: E. BECKSMANN und W. RICHTER. Die ehemalige Neckarschlinge am Ohrsberg bei Eberbach in der oberpliozänen Entwicklung des südlichen Odenwaldes. (Mit Beiträgen von A. STRIGEL, E. HOFMANN und E. OBERDORFER.) DM 3.40.
7. Studien im Gneisgebirge des Schwarzwaldes. XI. O. H. ERDMANNSDÖRFFER. Die Rolle der Anatexis. DM 3.20.
8. Beiträge zur Geologie und Paläontologie des Tertiärs und des Diluviums in der Umgebung von Heidelberg. Heft 4: F. HELLER. Neue Säugetierfunde aus den alt-diluvialen Sanden von Mauer a. d. Elsenz. DM 0.90.
9. K. FREUDENBERG und H. MOLTER. Über die gruppenspezifische Substanz A aus Harn (4. Mitteilung über die Blutgruppe A des Menschen). DM 0.70.
10. I. VON HATTINGBERG. Sensibilitätsuntersuchungen an Kranken mit Schwellenverfahren. DM 4.40.

Jahrgang 1940.

1. F. EICHHOLTZ und W. SERTEL. Weitere Untersuchungen zur Chemie und Pharmakologie der Heidelberger Radiumsole. DM 2.20.
2. H. MAASS. Über Gruppen von hyperabelschen Transformationen. DM 1.20.
3. K. FREUDENBERG, H. WALCH, H. GRIESHABER und A. SCHEFFER. Über die gruppenspezifische Substanz A (5. Mitteilung über die Blutgruppe A des Menschen). DM 0.60.
4. W. SOERGEL. Zur biologischen Beurteilung diluvialer Säugetierfaunen. DM 1.—.
5. Annulliert.
6. M. STECK. Ein unbekannter Brief von Gottlob Frege über Hilbert's erste Vorlesung über die Grundlagen der Geometrie. DM 0.60.
7. C. OEHME. Der Energiehaushalt unter Einwirkung von Aminosäuren bei verschiedener Ernährung. I. Der Einfluß des Glykokolls bei Hund und Ratte. DM 5.60.
8. A. SEYBOLD. Zur Physiologie des Chlorophylls. DM 0.60.
9. K. FREUDENBERG, H. MOLTER und H. WALCH. Über die gruppenspezifische Substanz A (6. Mitteilung über die Blutgruppe A des Menschen). DM 0.60.
10. TH. PLOETZ. Beiträge zur Kenntnis des Baues der verholzten Faser. DM 2.—.

Jahrgang 1941.

1. Beiträge zur Petrographie des Odenwaldes. I. O. H. ERDMANNSDÖRFFER. Schollen und Mischgesteine im Schriesheimer Granit. DM 1.—.
2. M. STECK. Unbekannte Briefe Frege's über die Grundlagen der Geometrie und Antwortbrief Hilbert's an Frege. DM 1.—.
3. Studien im Gneisgebirge des Schwarzwaldes. XII. W. KLEBER. Über das Amphibolitvorkommen vom Bannstein bei Haslach im Kinzigtal. DM 1.60.
4. W. SOERGEL. Der Klimacharakter der als nordisch geltenden Säugetiere des Eiszeitalters. DM 1.40.

Sitzungsberichte
der Heidelberger Akademie der Wissenschaften
Mathematisch-naturwissenschaftliche Klasse

Jahrgang 1953/54, 2. Abhandlung

Untersuchungen über den Farbwechsel von Blumenblättern, Früchten und Samenschalen

Gottlieb Wilhelm Bischoff (1797–1854) zum Gedächtnis

Von

A. Seybold

Heidelberg

Mit 20 Textabbildungen

(Vorgelegt in der Sitzung vom 28. November 1953)

1954

Springer-Verlag Berlin Heidelberg GmbH

ISBN 978-3-662-28034-8   ISBN 978-3-662-29542-7 (eBook)
DOI 10.1007/978-3-662-29542-7

Untersuchungen über den Farbwechsel von Blumenblättern, Früchten und Samenschalen.

Gottlieb Wilhelm Bischoff (1797—1854) zum Gedächtnis.

Von

A. Seybold.

Mit 20 Textabbildungen.

„Es liegt jedoch in Bezug auf die Blütenfarben noch ein weites Feld zu Beobachtungen offen. ... Sehr wahrscheinlich ist es, daß die Färbung der Blüten und der herbstliche Farbenwechsel der Blätter hinsichtlich ihrer inneren Ursachen in naher Beziehung stehen, daß also beiden ähnliche Gesetze und Lebensverrichtungen zugrunde liegen und daß darum bei den chemisch-physiologischen Untersuchungen der Blütenfarben die Farbenumänderung der Blätter stets im Auge behalten werden müsse, wenn wir der Hoffnung leben wollen, den so sehr erwünschten näheren Aufschluß über diese beiden merkwürdigen Lebenserscheinungen endlich zu erhalten.

Da auch die Farben der Fruchthüllen, so lange wenigstens ihre Fruchthülle noch saftführend ist, in die nämlichen Farbenreihen, wie die der Blätter und Blüten, fallen und ohne Zweifel demselben Bildungsgange angehören, so dürften auch sie bei künftigen Untersuchungen nicht außer Acht zu lassen sein.‟

G. W. Bischoff (1836).

Inhaltsübersicht.

I. Einleitung.

Über die Blütenfarbstoffe sind schon viele Beobachtungen angestellt und Untersuchungen ausgeführt worden, wobei besonders die Biochemie in der Aufklärung der Konstitutionen dieser Substanzen erfolgreich war. Wenn die Strukturformel gewisser Carotinoide, die bekanntlich in vielen Fällen die gelbe und manchmal auch die rote Farbe der Blumenblätter bedingen, auch noch nicht bekannt ist, so wissen wir doch über den grundsätzlichen chemischen Aufbau „unbekannter Carotinoide" Bescheid. Mutatis mutandis gilt dasselbe für die Anthocyane und Flavonole. Die Biochemie hat uns gelehrt, daß die hydrophoben Polyenfarbstoffe, die in den Chromoplasten lokalisiert sind, in glykosidischer, wasserlöslicher Verbindung vorkommen können (Blumenblätter der Königskerze) und dann als Chymochrome wie die Anthocyane und Flavonole im Zellsaft gelöst vorliegen. Vor einigen Jahren ist von mir der Vorschlag gemacht worden, die in den pflanzlichen Zellen vorliegenden Pigmente vom zellphysiologischen Standpunkt aus in Chymochrome, Plasmochrome und Membranochrome einzuteilen, um die Lokalisation der Pigmente in der Zelle zu präzisieren. Daraus ergibt sich zwangsläufig die Gliederung in Euchrome, Parachrome und Kryptochrome, womit die physiologische Funktion der Pigmente umrissen wird (Seybold 1943). Wie notwendig eine übersichtliche physiologische Systematik der Pflanzenpigmente ist, ergibt sich aus der Tatsache, daß die Farbe der Zelle als Indicator für ihren physiologischen Zustand angesehen werden kann, wie sich auch aus den folgenden Ausführungen ergeben dürfte.

Bislang hat man zwar in allen Lehr- und Handbüchern sowie in monographischen Darstellungen auf die Verschiedenheiten der pflanzlichen Pigmente hinsichtlich ihrer chemischen Konstitution und ihrer zellphysiologischen Zustände hingewiesen, die Entwicklungsphysiologie der Farbe aber meist außer acht gelassen, obwohl in älteren Abhandlungen seit LAMARCK (1778) und MARQUART (1835) brauchbare Ansätze vorhanden waren. Freilich müssen die Ansichten dieser „vorchemischen Periode" in vieler Hinsicht aufgegeben werden; z. B. entstehen die Anthocyane nicht aus Chlorophyllen, aber die Formulierung LAMARCKs, daß die Blütenfarben „des états morbifiques" aufweisen, ist für die Physiologie von grundsätzlicher Bedeutung. Daß die Blumenblätter in der Regel im Knospenzustand grün, also chloroplastenhaltig sind, scheint mir ein wesentliches Merkmal und eines Hinweises in Lehrbüchern wert, vor allem weil einem die „Metamorphose der Plastiden" sonst kaum sinnfälliger entgegentritt. Wenn man erkennt, daß die herbstlich verfärbten Laubblätter sich in demselben physiologischen Zustand wie die Blumenblätter und die reifen Früchte hinsichtlich ihrer Farbe befinden, so wird die Mannigfaltigkeit der Färbungen auf ein Grundphänomen zurückgeführt, das mir wichtig genug erscheint, in den Lehrbüchern abgehandelt zu werden. BISCHOFF ging in seinem 1836 erschienenen Lehrbuch auf diese Frage ein, und heute scheint es mir wieder an der Zeit, dieses Thema auf Grund der chemischen Forschungsergebnisse in die physiologische Forschung mit einzubeziehen.

Ein besonders instruktiver Fall ist geeignet, die Bedeutung des Problems aufzuzeigen: Unter den Compositen gibt es viele Arten, die eine mehrfarbige, polychrome Färbung des Pseudanthiums aufweisen. Daß die sog. Strahlenblüten häufig anders gefärbt sind als die Scheibenblüten, ist eine bekannte Erscheinung (z. B. *Bellis perennis*) und wohl häufiger als die Mehrfarbigkeit der Strahlenblüten, wie sie uns etwa bei der bekannten Zierpflanze *Gaillardia pulchella* entgegentritt. Gewisse Varietäten dieser „Kokardenblume" besitzen Strahlenblüten, deren oberer Teil gelb, deren unterer rot gefärbt ist, während die Scheibenblüten bräunliche und rotbraune Färbung verschiedener Nuancen zeigen. Andere Varietäten der *Gaillardia* sind „uni gelb", andere einfarbig rot oder durchwegs violett, so daß diesen Blütenköpfen die zwei- oder dreifarbige „Kokarde" fehlt.

Fast so häufig wie *Gaillardia* trifft man *Chrysanthemum carinatum* als Zierpflanze an, deren Infloreszenzen aber noch markantere Kokarden aufweisen (Abb. 1). Es gibt Varietäten, die eine 4farbige Kokarde besitzen. Der äußere Farbkreis ist weiß, der nächstfolgende rot, der an die Scheibenblüten angrenzende gelb, und diese selbst sind schwarz- bis braunrot oder dunkelviolett. Lassen wir die Scheibenblüten außer acht und betrachten wir eine einzelne, aus dem Blütenkopf abgelöste 1—2 cm lange Strahlenblüte, so können wir erkennen, daß diese 4farbig ist: weiß, rot, gelb und im untersten Teil grün (Abb. 2, 5). Die einzelnen Farbzonen können verschieden mächtig ausgebildet sein. Häufig nimmt die weiße die oberen ²/₃ der Zungenblüte ein, während die rote und gelbe Zone etwa ¹/₃ des Blumenblattes ausmacht. Die grüne Zone erstreckt sich nur auf 1 mm, und zwar auf den Teil, der dem Fruchtknoten aufsitzt. Es finden sich aber auch Blütenköpfe, bei denen die rote Zone schmäler als 1 cm ist, und solche, bei denen sie ganz fehlt (Typus 4, Abb. 2) oder

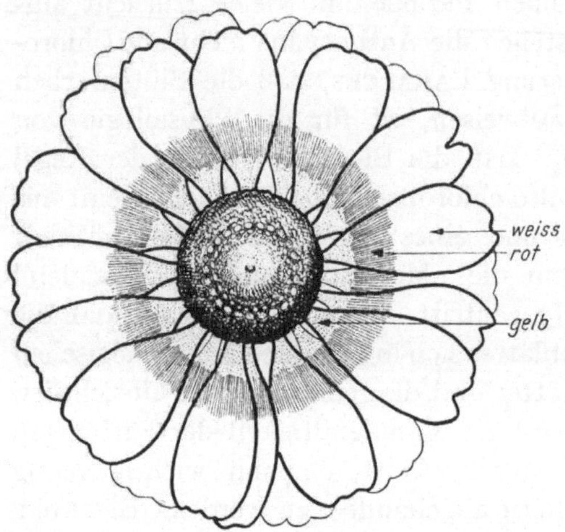

Abb. 1. Infloreszens von *Chrysanthemum carinatum*.

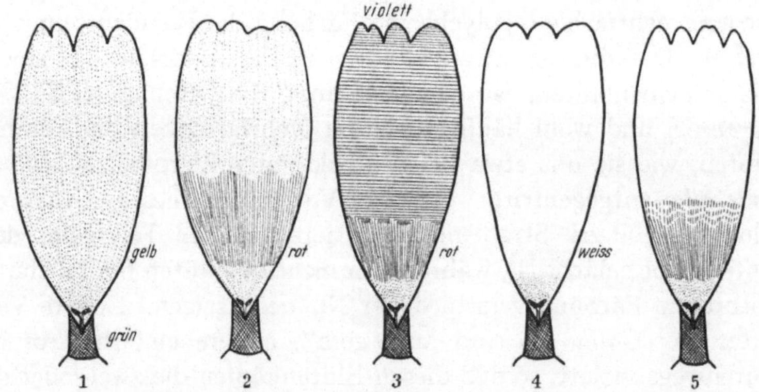

Abb. 2. Zungenblüten verschiedener Färbung von *Chrysanthemum carinatum*.

nur als ein leichter roter Anflug auftritt. Die weiße Zone kann sich dann über die ganze Strahlenblüte bis zur grünen Zone erstrecken oder aber selbst fehlen. So gibt es Varietäten, bei denen die gelbe Zone die ganze Blüte außer der grünen Zone einnimmt

(Typus 1), oder aber die Blüte ist einheitlich rot oder violett gefärbt und nur der unterste Teil ist gelb und grün. Allerlei Übergänge, die dazu führen können, daß die Strahlenblüten sprenkelig und streifig werden, trifft man ebenfalls an. Die einzelnen Zonen sind zumeist scharf voneinander abgesetzt; sie können aber auch „verwaschen" sein, so daß z. B. die rote Zone mit einer purpurfarbenen in die weiße übergeht und dann 5 Zonen entstehen: weiß, purpur, rot, gelb, grün.

Es liegt mir nichts daran, alle Typen zu schildern[1], es soll vielmehr nur versucht werden, die Mannigfaltigkeit der verschiedenen Farbzonierungen auf einen einheitlichen Nenner zu bringen. Präpariert man aus Infloreszenzknospen die Strahlenblüten, so erscheinen diese in einem frühen Entwicklungsstadium grünlich; erst bei der weiteren Entwicklung und Entfaltung tritt eine Polychromie ein, in der sich eine verschiedene Differenzierung der Zellen offenbart. Ohne auf histologische Einzelheiten des Baues der Korolle einzugehen, sei nur erwähnt, daß die Färbung sich auf die papillös ausgebildeten oberen Epidermiszellen erstreckt. Die untersten basalen Zellen der Korolle, die an den Fruchtknoten angrenzen, verlassen während der Blütezeit das Stadium des chlorophyllführenden Laubblattes nicht, während die mittleren und oberen apikalen Gewebe das Stadium der herbstlichen Laubblattfärbung einnehmen. Daß die basale Zone der Petalen sich verhältnismäßig lange im Wachstum befindet, geht schon daraus hervor, daß die Strahlenblüten thermo- oder photonastische Variationsbewegungen ausführen. Die Infloreszenzen zeigen nämlich eine „Schlafstellung" mit scharf abwärts gebogenen Strahlenblüten.

In den mittleren und apikalen Geweben erfolgt ein Plastidenschwund, der Ausdruck einer physiologischen Reduktion der Zelle

---

[1] In PAREYs „Blumengärtnerei" (Berlin 1932) wird folgende Angabe über die Farbvarietäten gemacht: var. *typicum* (syn. var. *album hort.*), Zungenblütchen weiß, an ihrem Grunde gelb; var. *luteum* (syn. var. *elegans hort.*), Zungenblütchen ganz gelb; var. *Burridgeanum* v. HOUTTE (syn. var. *tricolor hort.*), Scheibenblütchen schwarzpurpurn (mit gelben Staubbeuteln), Zungenblütchen am Grunde gelb, dann ein karmesinroter Streifen und im übrigen weiß, so daß die Körbchen ringförmig (3- bis) 4farbig sind; var. *Golden Feather* (syn. var. *foliis aureis hort.*) mit gelben Blättern; var. *annulatum* (Chamäleon) gelb, am Rande braun; var. *atricoccineum* dunkelkupferrot; var. *Nivellii hort.* reichblühend, goldgelb; var. *Nordstern* weiß mit lichtgelber Mitte und schwarzer Scheibe, großblumig; var. *purpureum* purpurviolett mit gelbem Ring; var. *radiatum album hort.* Strahlenblüten röhrig, weiß, Scheibe dunkel; var. *radiatum aureum* chromgelb.

ist. Die einzelnen Varietäten verhalten sich nun sehr verschieden, indem die Reduktion in den mittleren und oberen Korollenteilen verschiedene Grade einnimmt (s. Abb. 2).

Beschränkt sich die Rückbildung auf den Schwund des Chlorophylls, so resultiert eine plasmochrom-gelbe Strahlenblüte, die nur im untersten basalen Teil Chloroplasten, in den mittleren und oberen Teilen der Korolle aber Chromoplasten führt. Dieser Typus stellt die erste Stufe der Reduktion dar. Damit soll nicht gesagt sein, daß dieser Typus der systematischen Art (var. *typica*) entspricht. Leider konnte ich nicht ermitteln, welche Infloreszenzfarbe die Wildform von *Chrysanthemum carinatum* hat. Im Mikroskop läßt sich erkennen, daß Chromoplasten vorhanden sind, diese aber bereits Zerfallserscheinungen wie die Plastiden des herbstlich-gelben Laubblattes zeigen können. Vermutlich liegen auch hier Sekundärcarotinoide, vielleicht auch veresterte Polyenfarbstoffe vor, wie sie in vielen Blumen- und in manchen herbstlich verfärbten Laubblättern aufgefunden wurden.

Kommt es bei dieser Reduktion der Plastiden des Typus 1 zu einer Bildung von Anthocyanen, die sich entweder nur auf die mittlere Partie oder aber auf die ganze Korolle erstreckt (die grüne Basalpartie ausgenommen), so ergibt sich der Typus 2. In dem ersten Fall weist sodann die Infloreszenz eine 3farbige Kokarde: gelb rot gelb, im zweiten eine 2farbige: rot gelb auf. Das Anthocyan selbst findet sich in verschiedenen Farben, karmin-krapprot und violett-lila, so daß sich viele Farbnuancen ergeben.

Wenn im mittleren und apikalen Teil des „Strahlenblütenblattes" die Carotinoide verschwunden sind, so ist dieser plastidenfreie Abschnitt chymochrom, und je nach der Farbnuance des Anthocyans erscheint die Kokarde rot-gelb oder violett-gelb oder purpur-karmin-gelb (Typus 3). Im zuletzt genannten Falle transgredieren die violette bzw. purpurne und die gelben Zonen.

Nun kann aber bei der physiologischen Reduktion an Stelle des Chymochroms Anthocyan das Chymochrom Flavonol auftreten. Das Flavonol ist „in vivo" farblos, also erscheint der chymochrome Petalenteil in diesem Falle weiß, und die Kokarde ist sodann weiß-gelb (Typus 4).

Erfolgt nun eine gleichzeitige Ausbildung von Anthocyan und Flavonol in verschiedener zonaler Verteilung, so resultiert der Typus 5, der folgende Farbverteilung hat: Die obere Hälfte der

Strahlenblüte ist chymochrom, flavonolhaltig und erscheint weiß, die mittlere Zone führt rotes oder violettes Anthocyan und ist somit karmin oder krapprot oder purpurn bzw. violett-lila; basalwärts folgt die plasmochrome carotinoid-gelbe Zone und schließlich die chloroplastenhaltige. Auf diese Weise kommt die oben geschilderte 4—5farbige Kokarde zustande.

Je nach der Breite der einzelnen Farbzonen, dem Grad ihrer Transgression und den Farbnuancen des Anthocyans kommen verschiedene Varietäten zustande, die der Blumenzüchter im einzelnen unterscheiden und nach Herzenslust benamsen kann. Für uns ist lediglich folgender Befund von Bedeutung: Die entfalteten Petalen können entweder in ihrer ganzen Ausdehnung im Zustand der plasmochromen Gelbfärbung verharren (Typus 1 und 2) oder der mittlere und apikale Korollenabschnitt erfährt eine physiologische Reduktion zum chymochromen Stadium (Typus 3, 4 und 5). Ob als Chymochrome sodann Anthocyane oder Flavonole oder aber die beiden Farbstoffe gleichzeitig auftreten, ist eine andere Sache. Da das Flavonol bei *Chrysanthemum carinatum* farblos erscheint,

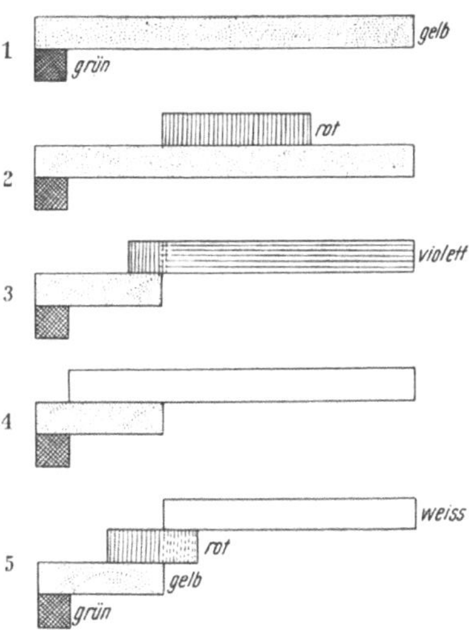

Abb. 3. Schematische Darstellung verschiedener Färbung der Zungenblüten von *Chrysanthemum carinatum*. Vgl. Abb. 2.

tritt es optisch (als „weiße" Blütenfarbe) nur in Erscheinung, wenn buntes Anthocyan fehlt. „Färberisch" hat es keine Bedeutung, so daß es durchaus möglich, ja wahrscheinlich ist, daß sich neben Anthocyan Flavonol im Zellsaft vorfindet. Außerdem ist es möglich, daß sich farblose Modifikationen von Anthocyan sowohl in den weißen als den bunten Partien der Korolle vorfinden. Diese Frage bedarf noch der Klärung.

Die Abb. 3 soll uns verschiedene Farbsysteme der Typen der Abb. 2 veranschaulichen, wobei hier die tatsächliche histologische Verteilung der Farbstoffe außer acht gelassen wird. Erwähnt sei nur, daß die papillös ausgebildete Epidermis der Blattoberseite den wesentlichen Anteil der Färbung ausmacht, während die Mesophyllzellen und die Zellen der unteren Epidermis in der Regel

keine bunten Pigmente führen, was ohne Mikroskop an der blassen
Färbung der Blattunterseite zu erkennen ist.

Die Spekulation ist nun naheliegend, wenn man den Typus 5
im Auge behält, daß die Flavonole bzw. die Leukoausbildung der
Anthocyane das Stadium der stärksten physiologischen Reduktion
des Blumenblattes darstellen, weil die weiße Zone nur in den
ältesten apikalen Geweben auftritt. Dafür spricht der Befund, daß
beim Verblühen der Infloreszenzen der rote Kreis der Kokarde
verschwindet. Die verblühenden Infloreszenzen des Typus 2, 3
und 5 zeigen nach unten gebogene Strahlenblüten, die nur gelb-
weiß sind. Dieses Verhalten von *Chrysanthemum carinatum* soll
nicht verallgemeinert werden, da genügend Fälle bekannt sind, bei
denen mit zunehmendem Alter die Blütenfarbe von weiß nach rot
wechselt (s. S. 39).

Es ist nun naheliegend, die Polychromie der Strahlenblüten von
Chrysanthemum carinatum mit den Ergebnissen der chemischen
Erforschung der Blumenfarbstoffe verständlich zu machen. Wenden
wir uns zunächst dem plasmochromen basalen Abschnitt der Petalen
zu. Soweit die mikroskopische Beobachtung Aufschluß geben kann,
liegen in der grünen Zone normale Chloroplasten vor, während in
der gelben Chromoplasten vorhanden sind. Diese sind als metamorphosierte Chloroplasten aufzufassen. Ob es sich nur um die
Carotinoide der Chloroplasten handelt, die also sozusagen bei der
Plastidenmetamorphose übriggeblieben sind, oder ob sich ,,Sekun-
därcarotinoide'' (s. Seybold 1943) gebildet haben, müssen weitere
Untersuchungen ergeben.

Mit der verschieden großen Ausbildung der plasmochromen
Farbzonen bei den einzelnen Varietäten haben wir uns oben
beschäftigt. Ergänzend sei nur noch erwähnt, daß gelegentlich
auch Strahlenblüten in ihrer ganzen Ausdehnung eine grüne Farbe
haben können, also eine gewisse Vergrünung auftritt. Wenden wir
uns jetzt den chymochromen Farbzonen zu.

Zuerst sei hervorgehoben, daß in den weißen Teilen der Petalen
Flavonole vorliegen, was sich leicht dadurch nachweisen läßt, daß
bei Einwirkung von NH_3-Dämpfen eine Gelbfärbung der weißen
Teile eintritt. Dieses Verhalten ist keineswegs auffallend, da die
meisten weißen Blumenblätter bei Behandlung mit NH_3 sich gelb
färben. Die Flavonole liegen als Glykoside in den weißen Blumenblättern vor (Richter-Anschütz II, 1935, S. 446) und werden
durch Alkalien unter Gelbfärbung deglykosidiert. Außer den farb-

losen Flavonolglykosiden[1] können auch in manchen Blumenblättern noch farblose Leukoanthocyane bzw. Pseudobasen auftreten, die vermutlich durch Dehydrierung in farbige Anthocyane übergehen.

In weißen Blumenblättern können also Farbstoffe in farblosen Stufen vorliegen, was für die Behandlung der Probleme der Physiologie und Genetik der Blumenblätter von Wichtigkeit ist. Es sei hier nur an die weißblühenden Varietäten rot- oder blaublühender Arten und an den auffallenden Farbwechsel der Blumenblätter während der Blütezeit (s. SUESSENGUTH 1936, 1938) sowie an die Modifizierbarkeit der Blütenfarbe durch besondere Umweltbedingungen erinnert. Wenn z. B. *Primula sinensis f. rubra* bei niederer Temperatur (etwa 15°) rote, bei höherer Temperatur (etwa 30°) kultiviert, weiße Blumenblätter hervorbringt, so müßte festgestellt werden, ob in der „weißen Modifikation" Leukoanthocyane oder Flavonole vorliegen, oder ob beide „farblose" Farbstoffe nebeneinander vorkommen. Soweit ich feststellen konnte, fehlen hier die nötigen Untersuchungen, so daß diese Frage noch einer experimentellen Bearbeitung bedarf.

Wenn man Epicatechin oder andere Catechine als farblose Vorstufen der Anthocyane auffaßt, so können diese und die Flavonole als aufeinanderfolgende Dehydrierungsstufen gelten (s. S. 38). Ob nun tatsächlich die Biogenese der Farbstoffe in den Blumenblättern in dieser Weise erfolgt, ist damit noch nicht gesagt, da es durchaus nicht feststeht, daß in der Zelle hinsichtlich der chymochromen Farbstoffe nur Dehydrierungen stattfinden. Bekanntlich stehen sich zwei Ansichten gegenüber. Eine Reihe von Beobachtungen spricht dafür, daß die Anthocyane sich durch Dehydrierung (Oxydation) von Catechinen bzw. Leukoanthocyanen bilden. Andere Fälle sprechen aber dafür, daß Anthocyane durch Hydrierung von Flavonolen entstehen.

Wenn wir auf unser spezielles Objekt zurückkommen und den Befund, daß die rote Anthocyanzone beim Abblühen verschwindet (s. S. 38), unter den eben skizzierten chemischen Möglichkeiten betrachten, so kann die „Ausbleichung" sowohl auf einer Reduktion als auf einer Oxydation der Anthocyane beruhen. Im ersten Fall würde ein Leukoanthocyan, im zweiten ein Flavonol entstehen.

---

[1] Die glykosidischen Flavonole werden in der Literatur manchmal Anthoxanthine genannt, die zuckerfreien Farbstoffe Anthoxanthidine, was der Begriffsbildung der (mit Zucker verbundenen) Anthocyane und (zuckerfreien) Anthocyanidine entspricht (s. MAYER 1935).

Aus physiologischen Gründen muß man der Auffassung den Vorzug
geben, daß mit zunehmendem Alter der Gewebe die Oxydation
wahrscheinlicher ist. Erwiesen ist aber die Richtigkeit dieser Auffassung noch keineswegs. Sollten die vielfarbigen und wechsel-
farbigen Blumenblätter unseren Vorstellungen gar noch einen
Streich spielen und noch andere Möglichkeiten der Verfärbung der
Anthocyane haben? Die Antwort können nur weitere Untersuchungen geben.

Die polychromen Strahlenblüten von *Chrysanthemum carinatum*
umreißen deutlich das Problem der Färbung und des Farbwechsels
der Blumenblätter physiologisch gesehen. Die Farbe aller
Blumenblätter (und Früchte) ist Ausdruck einer gewissen
Entwicklungsstufe, Symptom eines bestimmten physiologischen Zustandes. Meist beachten wir nur die verhältnismäßig lang bestehende Färbung, sehen diese mit Recht für eine
jede Art bzw. Varietät als charakteristisch an und verwerten sie
häufig in der Systematik zur Diagnose. Treten uns wie bei dem
Blumenblatt unseres gewählten Beispiels gleichzeitig verschieden
gefärbte Areale entgegen, so nennen wir sie folgerichtig mehrfarbig,
müssen aber bedenken, daß diese Verschiedenheit in der Farbe
Ausdruck eines verschiedenen physiologischen Zustandes ist, der
sich auch cytologisch manifestiert. Im vorliegenden Fall sind die
apikalen Teile physiologisch älter als die basalen. Diese sind
plasmochrom, jene chymochrom. In wie vielen Fällen weisen anthocyanhaltige rote, blaue, violette und weiße Blumenkorollen am
Grunde noch carotinoidhaltige Teile auf (Schlundringe, Saftmale)!

Meist wird unter dem Farbwechsel einer Korolle eine deutlich
sichtbare Verfärbung, etwa von rot zu weiß, außerhalb des Knospen-
zustandes, also während der „Blüte" oder bei dem „Verblühen"
verstanden und bei allen Blumenblättern, die dieses augenfällige
Phänomen nicht so deutlich zeigen, der Farbwechsel übersehen.
Wenn wir nun im folgenden unsere Untersuchungen an Blumenblättern mitteilen, so ist zwar die übliche Gliederung nach der
Färbung der entfalteten Korolle beibehalten (s. Möbius 1927), die
Dynamik des Farbwechsels, die die Mannigfaltigkeit der
Blumenfarben auf einen „Nenner" bringt, aber nie außer
acht gelassen worden. Dasselbe gilt für die Farben der Früchte
und Samenschale, die im Abschnitt VIII behandelt werden.

II. Grüne Blumenblätter.

In der Regel ist der Blütenkelch grün und seine Chloroplasten bleiben mehr oder weniger lange intakt. Die Kelchblätter überleben meist die Blumen- und Staubblätter. Die „verblühte Blüte" mit dem verbleibenden grünen Kelch und dem unreifen grünen Karpell ist eine allbekannte Erscheinung. Daß mit zunehmendem Alter Kelch und Fruchtblätter sich verfärben, bedarf keiner weiteren Hinweise; der Abbau der Chloroplasten in diesen erfolgt aber viel langsamer als bei den eigentlichen, meist bunten oder weißen Blumenblättern, die im wahrsten Sinne des Wortes in der Regel kurzlebig sind, und aus dem grünen, chloroplastenführenden Stadium in der Knospe schon vor oder bei der Entfaltung in ein chromoplastenhaltiges Stadium eintreten oder aber die Plastiden gänzlich zum Abbau bringen, so daß das Endstadium der cytologischen Rückbildung, das chymochrome, erreicht wird. Gewisse Arten machen hiervon eine Ausnahme; sie besitzen über das Knospenstadium hinaus grüne Blumenblätter, in denen mikroskopisch Chloroplasten sichtbar sind. Grüne „Perianth-Blätter" treffen wir vornehmlich bei Gramineen und Cyperaceen, sowie bei vielen „Monochlamydeen" an. Wenn der Systematiker sodann von nichtkorollinischem Perianth spricht, so soll damit zum Ausdruck gebracht werden, daß es „kelchartig (grün, braun oder farblos)" ist (WETTSTEIN, Handbuch der systematischen Botanik, 1935). Die grüne Farbe wird durch Chlorophyll, die braune durch Chlorophyll + Anthocyane bedingt, die Carotinoide treten optisch nicht in Erscheinung. Die nicht-„korollinischen Blumenblätter" sind häufig sehr klein. Leicht läßt sich zu quantitativen Analysen das nötige Material von relativ großen Blumenblättern gewinnen.

Meistens wird die Anzahl der „grünblütigen" Arten unterschätzt, die seltsamerweise WERNLE (1833) und RÖDER (1833) als „farblos blühend" bezeichnen. Dem wird heute niemand mehr beipflichten. Nach WERNLE sind unter 2726 Arten der Flora Deutschlands 22%, nach RÖDER unter 3525 Arten der Flora Frankreichs 20% grünblühend, wobei die Monochlamydeen und viele Monokotyledonen das Hauptkontingent stellen. Rund 46% aller Arten sind plasmochromblühend, wenn man die unscheinbar grünblühenden Arten einrechnet. Setzt man diese hingegen ab, so ergeben sich für die Plasmochromblütigen etwa 30% (gelb-orange), für die Chymochromen etwa 70% (weiß 33, rot 20, blau 10, violett 7). Hierbei sind auch noch die Auszählungen von Köhler (1831) an 4200 Arten berücksichtigt.

In Tabelle 1 sind die chromatographisch ermittelten Gehalte an Chlorophyll a und b sowie Carotin und Xanthophyll von Blumenblättern verschiedener Stadien des Tulpenbaumes *(Liriodendron tulipifera)* zusammengestellt. Zum Vergleich sind die Pigmentgehalte der Laubblätter aus der Blütenregion auch festgestellt

Tabelle 1. *Liriodendron tulipifera.*

	mg Pigment je 10 g Frischgewicht				mg Pigment je 100 cm² Blattfläche				$\frac{a}{b}$	$\frac{x}{c}$	$\frac{a+b}{x+c}$
	a	b	c	x	a	b	c	x			
Grüne Blumenblätter vor der Entfaltung:											
Blattgrund grün	6,20	1,46	0,26	1,32	1,85	0,44	0,08	0,39	4,2	5,1	3,0
Älter, Blattgrund orange	4,00	0,88	0,18	0,75	1,19	0,26	0,05	0,22	4,5	4,2	3,2
Grüne Blumenblätter, entfaltet, Blattgrund orange	1,51	0,42	0,67	1,31	0,39	0,11	0,18	0,35	3,5	2,0	0,6
Laubblätter	22,20	6,10	1,42	4,30	4,88	1,33	0,31	0,94	3,6	3,0	3,0

worden. Wenn die Gegenüberstellung der Pigmentgehalte von Blumen- und Laubblättern bei der ungleichen histologischen Ausbildung auch nur bedingt zulässig ist, so ergibt sich doch eindeutig, daß die Gehalte an Pigmenten in den Laubblättern diejenigen in den Blumenblättern um ein Vielfaches übertreffen. Quantitativ bestimmt wurden nur die Pigmentkomponenten der Plastiden. Daß in den Blumenblättern von *Liriodendron* auch noch Flavonole vorkommen, sei nur nebenbei erwähnt (s. S. 44). Der Gehalt an Chlorophyll nimmt bei der Entfaltung der Blumenblätter ab, während nach einer vorübergehenden Abnahme der Carotinoide eine erneute Steigerung des Gehaltes an Carotinoiden einsetzt. Offensichtlich treten Sekundärcarotinoide auf, wie solche im Herbstlaub und in gewissen reifen Früchten sich bilden (Seybold 1943, 1948). Weitere Einzelheiten der Tabelle 1 brauchen nicht hervorgehoben zu werden; nur auf einen Befund sei noch hingewiesen. In der Knospenlage sind die Verhältniszahlen der einzelnen Pigmentkomponenten bei den Blumenblättern denen der Laubblätter sehr ähnlich, erst nach der Entfaltung läßt sich ein Absinken des Quotienten $\frac{a+b}{x+c}$ feststellen. Bei dem herbstlich vergilbten Laubblatt treffen wir ebenfalls ein solches Verhalten an. Ein zweiter Fall, der eine quantitative Bestimmung der Pigmentkomponenten ermöglicht, ist *Helleborus viridis*. Die zu Honigblättern umgebildeten Blumenblätter weisen kleinere Quotienten $\dfrac{a+b}{x+c}$ als die Laubblätter auf, ebenso die Kelchblätter (Tabelle 2).

Tabelle 2. *Helleborus viridis.*

	mg Pigment je 10 g Frischgewicht				mg Pigment je 100 cm² Blattfläche				$\dfrac{a}{b}$	$\dfrac{x}{c}$	$\dfrac{a+b}{x+c}$
	a	b	c	x	a	b	c	x			
Kelchblätter:											
24. 2. . . .	3,29	0,63	0,19	1,03	0,91	0,17	0,05	0,28	5,2	5,3	2,0
30 3. . . .	3,55	0,42	0,33	1,85	1,01	0,12	0,09	0,52	8,4	5,5	1,1
Honigblätter:											
24. 2. . . .	3,90	0,87	0,26	2,60	—	—	—	—	4,5	10,0	1,0
30. 3. . . .	2,98	0,63	0,12	1,48	—	—	—	—	4,7	12,3	1,4
Laubblätter:											
24. 2. . . .	11,85	3,10	0,67	2,70	3,11	0,81	0,18	0,71	3,8	4,0	2,7

Die „grünen Blumenblätter" entfalteter Blüten weisen keine in die Augen springende Verfärbung gegenüber dem Knospenstadium auf. Bei genauerem Zusehen läßt sich jedoch in vielen Fällen erkennen, daß die grüne Farbe mit dem Wachstum der Blumenblätter heller wird, weil die Chlorophyllbildung mit diesem nicht Schritt hält. Die Messungen bei *Liriodendron* zeigen dieses deutlich (Tabelle 1). In diesem Fall kann man auch in der Verfärbung des Blattgrundes von grün zu orange einen partiellen Farbwechsel grüner Blätter feststellen: die Mengen von Chlorophyll a und b nehmen ab, die von Carotin zu, während jene von Xanthophyll eine temporäre Ab- und spätere Zunahme zeigt.

Die Tabelle 2a gibt die Analysenresultate der intensiv grünen Blumenblätter von *Deherainia smaragdina* (Theophrastaceae) und der der blaßgrünen Korollen von *Cobaea scandens* im Knospenstadium wieder. Der Pigmentgehalt dieser beträgt nur etwa $^1/_{10}$

Tabelle 2a.

	mg Pigment je 10 g Frischgewicht				mg Pigment je 100 cm² Blattfläche				$\dfrac{a}{b}$	$\dfrac{x}{c}$	$\dfrac{a+b}{x+c}$
	a	b	c	x	a	b	c	x			
Deherainia smaragdina	9,4	3,6	0,21	0,97 ?	3,9	1,5	0,09	0,40	2,6	4,4 ?	6,8 ?
Cobaea scandens	0,98	0,20	0,03	0,17	0,31	0,06	0,008	0,054	4,9	6,7	3,5

jener. Bei der Entfaltung der *Cobaea*-Blüten tritt der Chlorophyll-schwund rasch ein, der in dem Farbwechsel von grün nach blau-violett zum Ausdruck kommt.

Von einer weiteren Anzahl grüner Blumenblätter konnten noch quantitative Bestimmungen der Pigmentkomponenten durchgeführt werden, wobei allerdings die Bezugnahme auf die Flächeneinheit nicht möglich war, ausgenommen bei *Cobaea scandens* (s. Tabelle 4). Die Tabelle 3 enthält die gewonnenen Analysendaten. Eine Dis-kussion der einzelnen Befunde erübrigt sich, bemerkt sei nur, daß eine quantitative Angabe bei *Ceropegia* und *Coralliorrhiza* unter-blieb, weil das Analysenmaterial etwas welk war. Die Verhältnis-zahl der Farbstoffkomponenten soll daher allein mitgeteilt werden.

Tabelle 3. *Grüne Perianth- bzw. Infloreszenzblätter.*

	mg Pigment je 10g Frischgewicht				$\frac{a}{b}$	$\frac{x}{c}$	$\frac{a+b}{x+c}$
	a	b	c	x			
Helleborus foetidus:							
Kelchblätter	2,16	0,53	0,13	0,85	4,1	6,6	1,7
Chrysosplenium alterni-							
folium	1,36	0,15	0,12	0,75	9,0	6,2	1,1
Hydrangea hortensis . .	1,22	0,43	0,08	0,67	2,8	8,4	1,4
Acer pseudoplatanus. . .	1,26	0,25	0,17	0,92	5,1	5,4	0,9
Euphorbia cyparissias . .	6,85	0,45	1,35	4,26	15,2	3,1	0,8
Teucrium scorodonia . .	1,20	0,42	0,07	0,84	2,8	12,0	1,1
Ceropegia sandersoni . .	—	—	—	—	4,8	3,0	3,7
Galanthus nivalis:							
Grüne Perianthteile .	2,58	0,54	0,10	0,51	4,8	5,1	3,2
Laubblätter	16,40	4,10	0,83	2,78	4,0	3,3	3,5
Listera ovata	3,85	0,78	0,17	2,02	4,9	11,9	1,3
Coralliorrhiza innata . .	—	—	—	—	4,6	9,8	0,74
Neottia nidus avis. . . .	1,23	—	0,009	0,16	∞	19,0	4,4
Vanilla planifolia . . .	1,73	0,64	0,13	0,95	2,7	7,2	1,4

Bei *Chrysosplenium* und *Euphorbia* ist die Verhältniszahl a/b sehr hoch. Auf Grund unserer früheren Untersuchungen (Seybold und Egle 1938) wissen wir, daß die Ausbildung von Chlorophyll a gegen-über b bevorzugt erfolgt. Bei *Neottia nidus avis* liegt sozusagen das Extrem vor, daß nur noch die Komponente a gebildet wird.

Die braune Farbe von *Neottia nidus avis* erregte seit langem das Interesse der Pflanzenphysiologen. Wiesner (1872) hat fest-gestellt, daß die Blüten bei Behandlung mit Alkohol und Äther ergrünen, Molisch (1905) fand dasselbe, wenn er heiße Luft oder heißes Wasser anwandte. Wilschke (1914) konnte auf Grund seiner spektroskopischen Beobachtungen des Fluorescenzlichtes aussagen, daß in den Blumenblättern von *Neottia* Chlorophyll a vorliegt. Die chromatographischen Analysen benzinischer Extrakte dieser ergaben eindeutig, daß nur Chlorophyll a vorhanden ist, die Komponente b jedoch gänzlich fehlt (SEYBOLD und EGLE 1937). Es muß als ein Rückschritt bezeichnet werden, wenn STEBER (1944), ohne die methodisch besseren Messungen von WILSCHKE zu erwähnen, den fluorescierenden Farbstoff als Chlorophyll b ausgibt, und zwar deshalb, weil die Blütenstände von *Neottia*, unter eine gebräuchliche Quarzlampe gehalten, eine orangenfarbene Fluorescenz zeigen, die derjenigen von Chlorophyll b ähneln soll.

Daß in dem Chromatogramm des Farbstoffextraktes von *Neottia* nur Chlorophyll a auftritt, ist einwandfrei gesichert. Die Analysen wurden in mehreren Jahren mit Pflanzenmaterial verschiedener Standorte durchgeführt (Heidelberg, Schwarzwald und Oberbayern). Nicht von der Hand zu weisen ist der Einwand, daß das Chlorophyll a bei der Herstellung des Extraktes entstehe, dieses aber in vivo nicht vorhanden sei. Die mit der HARDY-Apparatur aufgenommene Reflexionskurve frischer Blüten ergibt einwandfrei

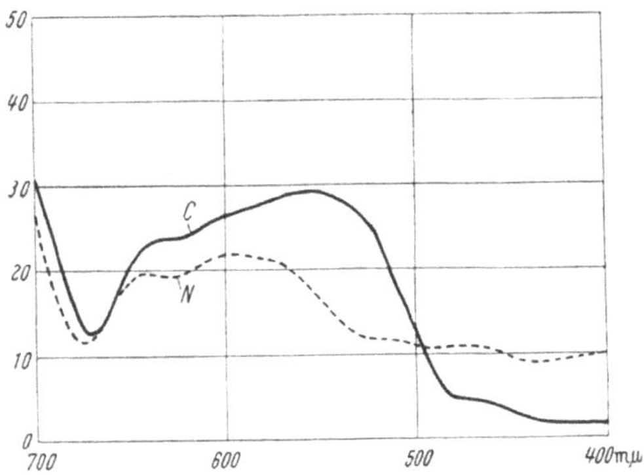

Abb. 4. Reflexionskurven der Blumenblätter von *Neottia nidus avis* (*N*) und des Laubblattes von *Corylus avellana var. aurea* (*C*). Abszisse: Wellenlänge des Lichtes, Ordinate: Prozentuale Reflexion des einfallenden Lichtes.

(Abb. 4), daß in vivo Chlorophyll a vorliegt, was auch aus den Beobachtungen von WILSCHKE zu folgern ist. Messungen mit dem BECKMAN-Spektrophotometer (400—1000 mμ) ergaben dieselbe Kurve wie die Abb. 4. Sollte der „braune Farbstoff" von *Neottia* ein besonderes Chlorophyll sein, so stünde er unzweifelhaft dem Chlorophyll a näher als der Komponente b.

Solange die Biochemiker die Konstitution des „braunen Farbstoffes" nicht ermittelt haben, bleibt es ungeklärt, ob 1. gemäß der Auffassung von WIESNER Chlorophyll a durch einen unbekannten Farbstoff optisch überdeckt wird oder ob 2. besondere Strukturbedingungen in den Plastiden vorliegen, daß Chlorophyll a in vivo braun erscheint. Bislang ist kein braunes Chlorophyll in vitro bekannt, auch sind keine braunen Adsorbate von Chlorophyll beobachtet worden (Phäophytin und andere Derivate kommen nicht in Betracht), hingegen sind Farbstoffe (z. B. Anthocyane) bekannt, die in alkoholischer Lösung und bei Erhitzung farblos werden können. Damit sei nicht behauptet, daß in den Chlorophyll a führenden lebenden Plastiden von *Neottia* Anthocyane oder andere, wasserlösliche Farbstoffe vorhanden seien. Es ist durchaus vorstellbar, daß der fragliche braune Farbstoff wie Chlorophyll oder Phykoerythrin an Eiweiß gebunden ist und er bei der Denaturierung der protoplasmatischen Komponente in eine Leukoverbindung übergeht, so daß alsdann das maskierte Chlorophyll sichtbar wird. Alle bisherigen Beobachtungen von Wiesner, Molisch und anderen Forschern lassen sich mit dieser Auffassung in Einklang bringen. Die von Wiesner (1872) entwickelte Vorstellung des „maskierten" Chlorophylls besteht zu Recht, die Ermittlung des „braunen Farbstoffes" ist eine Aufgabe künftiger Forschung.

III. Gelbe Blumenblätter.

Tammes hat 1900 ihre Arbeit „über die Verbreitung des Carotins im Pflanzenreiche" mit den folgenden Sätzen eingeleitet: „Wenn man die Literatur und die Lehrbücher der letzten Jahrzehnte nachschlägt mit der Absicht, sich ein klares Bild von unseren Kenntnissen über die pflanzlichen gelben oder roten Plastidenfarbstoffe und deren Beziehungen zu einander zu schaffen, wird man erstaunt sein von der großen Menge entgegengesetzter Meinungen bei verschiedenen Autoren. Wohl auf kaum einem anderen Gebiete der Botanik herrscht so wenig Übereinstimmung wie hier und die meisten Forscher sind bei ihren Untersuchungen dieses Gegenstandes zu verschiedenen Resultaten gelangt. Dies rührt ohne Zweifel zum großen Teil daher, daß fast niemals die verschiedenen Untersucher sich mit Farbstoffen aus denselben Pflanzen oder Pflanzenteilen beschäftigten, so daß ein Vergleich mit den Resultaten anderer von vorne herein fast immer ausgeschlossen war." Trotz der großen Erfolge der biochemischen Forschung der letzten Jahrzehnte haben diese Sätze noch für die Physiologie der Plastidenfarbstoffe ihre Gültigkeit.

Wir wenden uns jetzt den Befunden zu, die vergleichsweise mit Blumenblättern in der Knospe und entfalteten gelben Korollenblättern gewonnen wurden (Tabelle 4). Hier müssen einige Bemerkungen gemacht werden. Auffallend ist, daß plasmochrome gelbe Blumenblätter, wie diejenigen von *Caltha, Cheiranthus* und *Forsythia* auch im entfalteten Zustand relativ viel Chlorophyll ent-

Tabelle 4.

	mg Pigment je 10 g Frischgewicht				$\dfrac{a}{b}$	$\dfrac{x}{c}$	$\dfrac{a+b}{x+c}$
	a	b	c	x			
Caltha palustris:							
Knospen	3,15	0,50	0,46	1,62	6,3	3,5	1,08
Entfaltet	0,71	0,075	1,48	1,84	9,5	1,2	0,15
Cheiranthus cheiri:							
Knospen	1,48	0,25	0,10	0,60	5,9	6,0	1,54
Entfaltet	—	—	2,77	2,72	—	—	0,98
Lathyrus pratensis							
Knospen	1,72	0,26	0,08	0,91	6,6	11,4	1,24
Entfaltet	0,70	0,16	0,05	0,84	4,3	16,8	0,60
Linaria vulgaris:							
Knospen	1,35	0,36	0,14	0,67	3,7	4,8	1,3
Ältere Knospen . . .	0,05	0,007	0,01	0,10	7,2	17,2	0,3
Antirrhinum majus:							
Knospen	1,20	0,46	0,09	0,34	2,6	3,7	2,3
Datura stramonium:							
Knospen	3,67	1,02	0,20	0,80	3,6	4,0	3,0
Verbascum thapsiforme:							
Knospen	0,63	0,11	0,06	0,17	5,7	2,8	2,0
Narcissus poeticus:							
Knospen	1,86	0,79	0,03	0,87	2,3	29,0	1,8
Forsythia intermedia:							
Ältere Knospen . . .	3,33	0,12	0,78	2,35	2,7	3,0	0,7
Entfaltet	0,47	Spuren	0,76	1,57	—	2,2	0,1

halten, allerdings weniger als in der Knospe. In der Tabelle 4 sind
Arten aufgeführt, deren Blumenblätter chymochrom sind. Von
L. SCHMID und KOTTER (1932) ist festgestellt worden, daß der gelbe
Farbstoff der Königskerze ein wasserlösliches, glykosidisch gebundenes Carotinoid, und zwar Crocin ist. Vom physiologischen Standpunkt aus ist dieses Chymochrom ein Sekundärcarotinoid par
excellence. Die Blumenblätter weisen in der Knospe nämlich
normales, an Plastiden gebundenes Carotin und Xanthophyll auf,
das in entfalteten Blumenblättern nicht mehr nachzuweisen ist.
In den Blumenblättern der Knospe konnten wir hingegen keine
wasserlöslichen Carotinoide feststellen. Ähnliche Verhältnisse liegen
bei *Lathyrus pratensis, Linaria vulgaris* und *Antirrhinum majus*
vor. Während in der Knospe dieser 3 Fälle einwandfrei neben den
beiden Chlorophyllkomponenten Primärcarotinoide vorliegen, fehlen
solche den entfalteten Blumenblättern. Um welche Chymochrome
es sich handelt, es mögen Flavonole, glykosidische Carotinoide oder
andere Farbstoffe sein, muß noch festgestellt werden. Bei *Lathyrus*

pratensis scheint es Rassen zu geben, deren Blumenblätter auch noch im entfalteten Stadium plasmochrome Carotinoide enthalten, andere hingegen, denen solche fehlen.

In Tabelle 5 sind einige weitere Ergebnisse zusammengestellt, die an entfalteten Blumenblättern gewonnen wurden, und in denen

Tabelle 5.

	mg Pigment je 10 g Frischgewicht				$\frac{a}{b}$	$\frac{x}{c}$	$\frac{a+b}{x+c}$
	a	b	c	x			
Ficaria verna:							
Blütenblätter	Spuren		1,51	2,77	—	1,84	—
Laubblätter	16,10	3,78	0,96	4,35	4,3	4,5	2,3
Eranthis hiemalis:							
Blütenblätter	Spuren		0,52	1,04	—	2,0	—
Laubblätter	14,52	3,31	0,94	3,15	4,4	3,3	2,7
Primula officinalis:							
Blütenblätter	—	—	0,19	5,3[1]	—	27,8	—
Laubblätter.	11,60	3,30	0,68	2,55	3,5	3,7	2,7
Primula elatior:							
Blütenblätter	0,95	0,03	0,12	1,2[1]	31,0	10,0	0,4
Tulipa hortensis:							
Blütenblätter	—	—	0,14	0,62	—	4,4	—
Laubblätter	3,85	0,80	0,22	0,65	4,8	3,0	3,3
Tulipa silvestris:							
Blütenblätter	Spuren		0,27	2,07	—	7,6	—
Blütenblätter	Spuren		0,95	2,76	—	2,9	—
Blütenblätter	Spuren		0,72	2,00	—	2,8	—

[1] Werte unsicher, da „Xanthophyll" stark verändert.

nur geringe Mengen von Chlorophyll vorhanden sind. Eine quantitative Bestimmung des Chlorophylls war nicht möglich. Der Vergleich mit den Laubblättern zeigt, daß bei gelben Blumenblättern der Gehalt an Carotin und Xanthophyll recht beträchtlich sein kann. Allerdings ist zu bemerken, daß die als Xanthophyll bestimmten „oxydierten Carotinoide" der Blumenblätter nicht identisch sein müssen mit dem Xanthophyll der Laubblätter, so daß die gemachten Angaben nur bedingt richtig sind. Unter Hinweis auf Zechmeister (1934), Karrer und Jucker (1948) und Goodwin (1952) muß beachtet werden, daß in Blumenblättern sehr verschiedene oxydierte Carotinoide auftreten können, wie z. B. Zeaxanthin, Taraxanthin und Flavoxanthin.

Weitere Analysenergebnisse sind in Tabelle 6 von solchen gelben Blumenblättern zusammengestellt, bei denen das Chromatogramm keine Spur von Chlorophyll ergab. In diesem Falle erfolgt der Chlorophyllschwund in den entfalteten Blumenblättern total, während bei den in Tabelle 5 aufgeführten in dem Chromatogramm deutlich ein Chlorophyllring zu erkennen war. Was oben hinsichtlich der oxydierten Carotinoide gesagt wurde, gilt auch hier. Was als „Xanthophyll" photometrisch bestimmt wurde, braucht kein

Tabelle 6.

	mg Pigment				$\dfrac{x}{c}$
	in 10 g Frischgewicht		in 100 cm² Blattfläche		
	c	x	c	x	
Ranunculus lingua	0,25	3,02	0,046	0,55	12,0
Anemone ranunculoides	1,56	3,24	—	—	2,1
Paeonia lutea . . . . {	0,015	0,20	0,005	0,067	13,4
	0,07	0,58	0,022	0,188	8,4
Paeonia mlokosewitschi	0,07	0,165	0,018	0,044	2,4
Adonis vernalis.	1,45	4,90	—	—	3,3
Adonis aestivalis:					
Gelb	0,29	1,28	—	—	4,4
Rot	0,06	*	—	—	—
Corydalis lutea	0,23	0,59	—	—	2,5
Eschscholtzia californica:					
Gelb	3,28	7,35	0,256	0,577	2,2
Rotorange	0,63	**	0,06	—	—
Ribes aureum	0,66	1,34	—	—	2,0
Viola tricolor.	0,05	2,12	0,006	0,284	46,0
Geum rivale	0,10	0,17	—	—	1,7
Potentilla verna	0,44	3,00	—	—	6,8
Cytisus canariensis	0,19	0,40	—	—	2,1
Mimosa sp., Staubfäden. . . .	0,17	0,42	—	—	2,4
Cornus mas	0,02	0,17	—	—	6,8
Lamium galeobdolon	0,09	1,56	—	—	16,7
Gentiana lutea	0,465	1,01	—	—	2,2
Lonicera sp.	0,12	0,47	—	—	3,8
Jasminum nudiflorum	0,49	1,66	—	—	3,4
Hamamelis japonica	0,34	1,39	—	—	4,0
Helianthus annuus	3,80	6,10	0,380	0,61	1,6
Doronicum cordatum	2,00	1,60	—	—	0,8
Zinnia elegans:					
Gelb	3,20	2,13	—	—	0,7
Orange	1,74	1,00	—	—	0,6
Rot	1,02	1,55	—	—	1,5
Tussilago farfara	0,94	0,80	—	—	0,8
Hyacinthus hybr., gelb	0,03	0,02	—	—	0,6
Fritillaria lutea.	0,395	1,59	0,146	0,59	4,0
Fritillaria imperialis	0,235	1,05	0,087	0,39	4,5
Clivia nobilis	0,06	0,17	—	—	3,0
Strelitzia reginae . . . . }	2,57	1,88	2,08	1,52	0,7
gelbe Perianthblätter . . . . }	6,20	2,33	2,33	0,84	0,4

* Astacin und gelbe Xanthophylle.
** Eschscholtzxanthin und gelbe Xanthophylle.

solches im engeren Sinn zu sein. Die Daten können nur als Annäherungswerte gelten. Die Größe der Quotienten x/c ist in diesen Fällen auch fragwürdig. Bei gewissen Arten, z. B. *Adonis aestivalis* tritt ein rotes Carotinoid, Astacin, neben gelben auf (s. S. 23).

Was bei *Adonis* und anderen Plasmochromen in die Augen fällt, nämlich die Ausbildung eines roten Sekundärcarotinoids, dürfte bei der Mehrzahl der anderen Fälle, ohne daß ein Farbumschlag erfolgt, verwirklicht sein. Wenn vor oder bei der Entfaltung gelbe Sekundärcarotinoide aus den primären sich bilden oder solche neu entstehen, so tritt das optisch nicht in Erscheinung. Die Metamorphose der Chloroplasten zu Chromoplasten manifestiert sich optisch nur im Schwund des Chlorophylls. Welche Um- und Neubildungen an Carotinoiden in den gelben Chromatophoren vor sich gehen, kann nur chemisch ermittelt werden. Spektroskopische bzw. spektrophotometrische Messungen an lebenden Blumenblättern geben über die Umwandlung keinen Aufschluß, da die charakteristischen Banden der einzelnen Carotinoide sich überlagern, ganz abgesehen davon, daß lebende Gewebe nur unscharfe Banden ergeben (SEYBOLD und WEISSWEILER 1944).

Im folgenden sei noch auf einige besondere Fälle plasmochrom gelber Blumenblätter hingewiesen. Die Tabelle 7 enthält die chromatographisch getrennten und photometrisch bestimmten Carotinoide verschiedener gelbblühender Rosensorten, die mir Herr W. KORDES jr. Sparrieshoop b. Elmshorn (Holstein) zur Verfügung gestellt hat[1].

Tabelle 7.

	mg Pigment				$\dfrac{x}{c}$
	in 10 g Frischgewicht		in 100 cm² Blattfläche		
	c	x	c	x	
Gelbe Rose Nr. 4150	0,358	1,15	0,081	0,260	3,2
Rose Le Rêve.	0,213	1,08	0,047	0,236	5,0
Rose d'Or	0,123	1,74	0,027	0,390	14,1
Joseph Perrens	0,133	0,95	0,031	0,226	7,1
Gelbe Rose Nr. 39127.	0,130	0,67	0,026	0,132	5,1
Rosa harisoni	0,028	1,57	0,002	0,135	56,0
Gelbe Rose Nr. 39201.	0,088	0,57	0,025	0,162	6,4
Gelbe Rose Nr. 4143	0,100	0,49	0,024	0,120	4,9
Lilly Pons.	0,100	0,33	0,024	0,079	3,3
Rosa xanthophylla	0,080	0,46	0,009	0,05	5,8
Herrenhaus	0,008	0,048	0,002	0,012	6,0

[1] Herrn W. KORDES jr. möchte ich auch hier bestens danken, daß er mir wiederholt Rosen mehrerer Sorten in tadellosem Zustand für meine Untersuchungen zuschickte.

Das Gelb der Rosen galt bis in jüngere Zeit als Musterbeispiel für chymochrome Färbung. Für FUNCK und v. RATHLEF (1940), die eine besondere Arbeit der „objektiven Erfassung" der Farbe der Rosenblüten widmen, ist es eine feststehende Tatsache, daß die Gelbfärbung der Rosenblumenblätter von Flavonen herrührt; es wird die Frage, ob Carotinoide bei gelben Rosenpetalen vorkommen oder nicht, überhaupt nicht aufgeworfen. Das ist verwunderlich, da eine mikroskopische Betrachtung von allen mir zugänglichen Rosenblumenblättern deutlich mehr oder weniger gelbe Chromoplasten zeigte. Was aber noch merkwürdiger erscheint, ist die Angabe von SCHIMPER (1885, S. 130): „Die gelben Rosen sind durch Zellsaft gefärbt". Es ist unwahrscheinlich, daß dieser Forscher, dem wir die grundlegenden Kenntnisse der Bildung und der Metamorphose der Plastiden verdanken, sich geirrt haben sollte. Vermutlich hat SCHIMPER nur ältere Blumenblätter von blaßgelben Rosen untersucht, so daß ihm die Chromatophoren, die in Rosenknospen und sich entfaltenden Rosen deutlich zu sehen sind, entgingen. Vermutlich basiert die verbreitete, auch in Lehrbüchern vertretene Auffassung, daß die gelben Rosen durch Zellsaft gefärbt, also chymochrom sind, auf SCHIMPERS Angabe. Soweit ich feststellen konnte, haben nur WILLSTÄTTER und MALLISON (1915) bei der Aufarbeitung von orangefarbenen und lachsroten, also anthocyanhaltigen Rosen „Carotin neben einem Glucosid der Flavonreihe" festgestellt. Sonst ist mir keine Angabe begegnet, daß bei Rosenblumenblättern Carotinoide vorkommen.

Wenn die Daten der Tabelle 7 miteinander verglichen werden, so soll nicht unerwähnt bleiben, daß in allen Fällen neben den Carotinoiden auch Chymochrome, Flavonole und ähnliche Pigmente vorhanden waren. Welchen färberischen Anteil diese an dem Gelb der Rosen haben, kann vorderhand nicht gesagt werden. Wenn man die Analysenergebnisse der Tabelle 7 mit den Carotinoidgehalten anderer, plasmochromer, gelber Petalen vergleicht (siehe Tabelle 4, 5 und 6), so ergibt sich, daß der Carotinoidgehalt der gelben Rosenpetalen relativ hoch ist, und man wird nicht fehlgehen, wenn man die gelbe Farbe der Rosen vornehmlich durch Chromoplasten bedingt ansieht. Dies gilt mindestens für die in Tabelle 7 aufgeführten Varietäten, ausgenommen die Sorte „Herrenhaus"; diese wies aber auch nur blaßgelbe Färbung auf. Auch *Rosa hugonis* und die sog. Gelbe Kapuzinerrose, die mangels Material nicht quantitativ analysiert werden konnten, verdanken ihre intensive Gelbfärbung carotinoidhaltigen Chromoplasten. In der einzigen mir zur Verfügung stehenden „Maréchal Niel-Rose" waren ebenfalls plasmochrome Carotinoide vorhanden und in den Blumenblättern Chromoplasten mikroskopisch zu sehen.

Es gelten jedoch nicht nur irrtümlich die gelben Petalen der Rosen als chymochrom, sondern auch andere Blumenblätter. Wenn z. B. Frey-Wyssling (1945, S. 274) schreibt: „In Form verschiedener Glucoside kommt dieses Flavonol (Quercetin, Verf.) in der Blüte des Goldlacks, des gelben Stiefmütterchens, gelber und roter Rosen usw. vor", so kann dies leicht zu der Vorstellung führen, daß die gelbe Farbe der genannten Blumen durch das Quercetin bedingt sei. In den genannten Fällen verursachen aber plasmochrome Carotinoide wie bei den Rosen die Gelbfärbung; das Quercetin wirkt sich färberisch nicht aus. Dasselbe gilt für das gelbe Saftmal im Zentrum wilder Rosen, auf das Frey-Wyssling noch hinweist.

Die Farbe von *Forsythia*-Blüten wird durch Carotinoide bedingt; ein Blick ins Mikroskop zeigt, daß plasmochrome Farbgebung vorliegt: die gelben Chromatophoren sind in jungen und älteren Blumenblättern nicht zu übersehen. Diese hat bereits Tammes (1900) in ihre Untersuchungen einbezogen und Carotinoide in den Chromatophoren von *F. fortunei* und *F. viridissima* ermittelt. Noack (1922), Gollan (1929) und Moewus (1950 a und b) haben Flavonole in den Blumenblättern festgestellt; eigene Untersuchungen können diesen Befund bestätigen. Es ist aber unzutreffend, die Farbgebung den Flavonolen zuzuschreiben. Wenn Moewus mitteilt: „Der Farbstoff der *Forsythia*-Blüten ist, wie schon Gollan (1929) festgestellt hat, ein Flavonolglykosid, das Rutin" und „Rutin ist aber auch der gelbe Farbstoff der Blüten von *Forsythia*-Sträuchern", so erweckt diese Formulierung den Eindruck, daß das Gelb der Blumenblätter auf chymochromen Flavonolen beruht. Das ist aber hier nicht der Fall; das intensive Gelb wird durch Chromatophoren hervorgerufen. Schätzungsweise beteiligt sich Flavonol mit höchstens 20 % an der Farbgebung.

In Abb. 5 (Kurve F) ist die Reflexionskurve (Hardy-Apparatur) der Blumenblätter von *Forsythia intermedia* wiedergegeben, die im Bereich um 680 mµ ein Minimum aufweist, das von Chlorophyllabsorption herrührt. Diese tritt auch bei Blumenblättern vieler anderer gelbblühenden Arten bald mehr, bald weniger in Erscheinung (s. Abb. 5 und 6). Solange mikroskopisch nachweisbare

Chromoplasten in Blumenblättern vorhanden sind, ist es nicht überraschend, daß noch gewisse Mengen von Chlorophyll in ihnen verblieben sind. (Bei vergilbtem Herbstlaub kann man dasselbe feststellen!) Die in Abb. 5 aufgenommenen Arten haben plasmochrome Blumenblätter, ausgenommen *Mesembryanthemum* sp. und

Verbascum thapsus (siehe S. 43). Wenn in plasmochromen Blumenblättern sich (noch) geringe Mengen von Chlorophyll bzw. Chlorophyllderivaten zeigen, so soll das nicht heißen, daß alle plasmochromen Blumenblätter solche enthalten müssen. In manchen Fällen (s. SEYBOLD und WEISSWEILER 1944) wird in den Reflexions- oder Transmissionskurven „kein Chlorophyll" angezeigt und läßt sich bei der Fluorescenzprüfung so wenig nachweisen wie bei der Phasenprobe (siehe S. 93). Völliger Chlorophyllschwund kann also bereits in der plasmochromen Verfärbungsstufe erfolgen; in der chymochromen lassen sich höchstens noch Spuren von Chlorophyll erkennen.

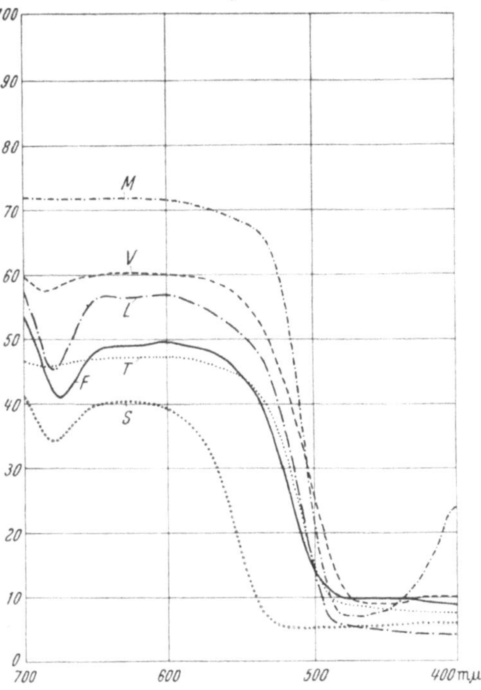

Abb. 5. Reflexionskurven der Blumenblätter von *Mesembryanthemum* sp. (M), *Verbascum thapsus* (V), *Lotus corniculatus* (L), *Forsythia intermedia* (F), *Tulipa silvestris* (T) und *Strelitzia regina* (S), gelbes Perigonblatt. Vgl. Abb. 4.

Bei *Verbascum* (Abb. 5, V) liegt der Sonderfall vor, daß ein Carotinoid glykosidiert ist, das Crocin. Dieses ist im Zellsaft gelöst, die *Verbascum*-Blüten sind daher chymochrom (s. S. 52 und KARRER und JUCKER 1948, ZECHMEISTER 1934). Im gelben Knospenstadium sind Chromatophoren zu sehen (Analysenergebnisse s. Tabelle 4). Das Crocin ist als „Sekundärcarotinoid" anzusprechen, da es in jungen Blumenblättern nicht vorhanden ist. Mit der Biogenese des Crocins, das auch noch in anderen Blumenblättern vorkommt, befaßt sich eine besondere Arbeit.

In Abb. 5 weist auch die Reflexionskurve von *Lotus corniculatus* die „Chlorophyllbande bei 680 mμ" auf, diese Blumenblätter sind also plasmochrom (Seybold und Weissweiler 1944). Karrer und Mitarbeiter (1947, s. Karrer und Jucker 1948) fanden in ihnen mehrere Carotinoide, die Flavonolprobe ist positiv (Tabelle 14). Sind nun die Blumenblätter plasmochrom oder chymochrom? Die Beantwortung dieser Frage ist deshalb notwendig, weil Prantl (1871) *Lotus corniculatus* als Beispiel für chymochrome Blumenblattfärbung („Anthochlor" führend) angibt und Suessenguth (1936) die Verfärbung der Blüten, die in jungem Stadium rot erscheinen können, als charakteristisch hält für die Umwandlung des Anthocyans in „Anthochlor" ($=$ Flavonole). Die Systematik hat diese Erscheinung auch verwertet. So schreibt z. B. Hegi (Illustrierte Flora von Mitteleuropa IV, 3, S. 1368): „Es ist unmöglich, die vielen Formen von *Lotus corniculatus* nach rein morphologischen Merkmalen zu unterscheiden." Hegi nimmt eine systematische Gliederung vor, in der unter anderem folgende, für unser Problem wichtigen Sätze stehen: „An sonnigen Stellen ist oft die Fahne stärker rot, seltener nur das Schiffchen (f. *variegatus* Aschers. et Graebn.) oder alle Kronblätter (f. *rubiflorus* Lamotte)." „Die leuchtend gelbe Farbe der hohe Epidermispapillen tragenden Kronblätter rührt von Chromoplasten mit Xanthophyllen und etwas Carotin her, die roten Streifen der Fahne (Saftmal) von Anthocyan. Die gelbe Farbe teilt sich bei Verfütterung an Kühe auch der Milch mit, so daß die Butter hellgelb wird." Diesen Angaben ist nur noch ergänzend hinzuzufügen, daß ich oftmals an sonnigen Standorten Blüten fand, die nur auf der „Sonnenseite" rot waren, was man auch bei gewissen Äpfelsorten beobachten kann (s. S. 74).

Ist der rote Farbstoff, der ohne Zweifel chymochrom ist, ein Anthocyan? Man bedenke, daß z. B. bei *Hypericum* ein anderer chymochromer Farbstoff (Hypericum-Rot, Hypericin) die Rötung der Blüten bedingt. Die Beantwortung der Frage steht noch aus.

Wenn bei gewissen alternden Blumenblättern von *Lotus* Anthocyan auftritt (oder wieder auftritt) — der rote Farbstoff soll einmal vorderhand als Anthocyan gelten —, so ist das ein Beispiel hierfür, daß Anthocyanbildung „Ausdruck physiologischer Unstimmigkeiten ist" (Seybold 1943; Jugend- und Altersanthocyan). Auf keinen Fall kann die Verfärbung der Blumenblätter von *L. corniculatus* als physiologisches Gegenbeispiel zu dem Typus der Verfärbung von *Hibiscus mutabilis* gelten, da hier die Verfärbung von weiß zu rot eine chymochrome Verfärbung ist (s. S. 39), während bei *Lotus* der Farbwechsel von rot nach gelb darauf beruht, daß Anthocyan in eine Leukoform übergeht oder abgebaut wird, so daß sich die plasmochromen Carotinoide optisch geltend machen.

Wie oft begegnet man der Meinung, daß die gelben Primeln, insbesondere *Primula elatior* ihre gelbe Farbe Flavonolen verdanken! Vermutlich geht diese Auffassung auf PRANTL (1871) zurück (s. S. 51). Allenfalls läßt man noch *Primula officinalis* als plasmochrom gelten (s. KARRER und JUCKER 1948). Wie die Tabelle 5 und Abb. 6 zeigen, sind in den Blumenblättern beider Primelarten Carotinoide, bei *P. elatior* sogar noch chromatographisch erfaßbare Mengen von Chlorophyll! Damit sei nicht gesagt, daß keine Flavonole vorhanden seien (s. Tabelle 23). Es mag sein, daß da und dort gelbe Chymochrome sich bei der Farbgebung maßgebend beteiligen, ja allein vorhanden sind *(Dahlia, Antirrhinum)*, bei *Primula elatior* und *P. officinalis* sind gelbe Chromatophoren vorhanden: ein Blick ins Mikroskop mag überzeugen!

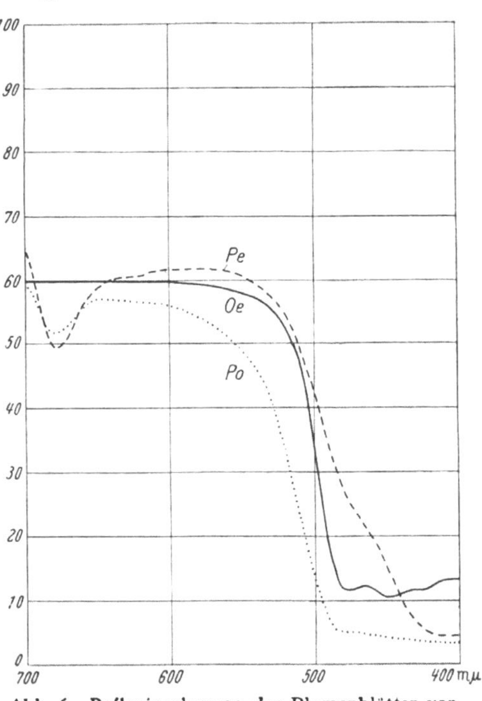

Abb. 6. Reflexionskurven der Blumenblätter von *Oenothera biennis* (Oe), *Primula elatior* (Pe) und *P. officinalis* (Po). Vgl. Abb. 4.

Mit der Frage der Farbgebung gelber Chymochrome in Blumenblättern werden wir uns später (S. 43) beschäftigen. Wir wenden uns jetzt plasmochrom roten Perigonen zu.

IV. Rote Blumenblätter.

Die Farbe der roten Blumenblätter ist meist durch Anthocyane bedingt, die im Zellsaft gelöst sind. Bekanntlich kann rotes Anthocyan seine Farbe zu Blau, zuweilen auch Grün wechseln, was durch eine Änderung des p_H im Zellsaft oder durch Adsorption an sekundär sich bildenden Kolloiden erfolgt. Außer den chymochrom roten Blumenblättern gibt es auch einige Fälle, in denen plasmochrome rote Carotinoide vorliegen. Diese Farbstoffe sind als „Sekundärcarotinoide" zu bezeichnen, da sie erst später in den Plastiden auftreten[1].

Die blühenden Infloreszenzen von *Kniphofia aloides* (von Gärtnern „Raketenblume" genannt!) fallen dadurch auf, daß die basalen Blüten gelbe, die terminalen rote Perigonblätter besitzen. Anfänglich sind diese grün, was nichts Besonderes ist, aber erwähnt sei es, weil bei der Chromatographie roter Perigone (an Zucker) deutlich ein blaugrüner und gelbgrüner Ring auftritt, also noch Reste der beiden Chlorophylle a und b vorhanden sind. Die Infloreszenzen blühen in akropetaler Reihenfolge auf; in den älteren gelben Perigonen ist Chlorophyll und der plasmochrome rote Farbstoff verschwunden. Bei der mikroskopischen Untersuchung roter Blumenblätter zeigt es sich, daß die Zellen sowohl rote als auch gelbe Chromoplasten enthalten; chymochrome Pigmente beteiligen sich an der Farbgebung nicht. Im allgemeinen wird ein in Blumenblättern auftretendes rotes Carotinoid nicht mehr zurückgebildet, bei *Kniphofia* verschwindet aber der rote Farbstoff mit zunehmendem Alter. Auf dieses seltsame Verhalten hat schon Schimper (1885) hingewiesen: „Chromoplasten, die im Lauf ihrer Entwicklung ihre Farbe ändern, habe ich bloß bei *Kniphofia (= Tritoma Uvaria)* kennen gelernt, wo die in der Knospe dunkelroten Chromoplasten in der offenen Blüte gelb werden. Es bleiben jedoch auch in letzterer die Chromoplasten in gewissen Zellen rot."

Wohl hat man bei Laubblättern von *Coniferen, Reseda, Potamogeton* u. a. eine zeitweilige Rötung von Chloroplasten festgestellt. Diese beruht auf Bildung von Rhodoxanthin. Die Vermutung lag nahe, daß dieses Carotinoid in den Perigonblättern von *Kniphofia* vorliegt.

In dem Chromatogramm (Puderzucker) roter Blüten dieser Art bilden sich außer den beiden erwähnten Chlorophyllringen zwei schmale Zonen, die vermutlich von Xanthophyll, Zeaxanthin (Bandenmaxima: um 515,480 und 450 mμ) herrühren und zwei sehr breite, himbeerfarbige Zonen, die deutlich voneinander abgesetzt sind. Das Filtrat der Vorlage enthält ein braunrotes Pigment, bei

---

[1] Einige Untersuchungsergebnisse über rote Carotinoide in Laub- und Blumenblättern sowie Früchten hat meine Schülerin Maria Knie-Engel in einer Dissertation 1943 mitgeteilt.

dem es sich wahrscheinlich um Carotin handelt. Die Farbstoffe der beiden roten Zonen wurden einer zweiten Adsorption an Zucker unterworfen, um etwa noch vorhandene gefärbte Verunreinigungen durch Auswaschen mit Benzin und Verwerfen der Randzonen entfernen zu können. Es schieden sich auch dieses Mal zwei rote Farbringe ab, von denen sich nur der untere mit Benzin leicht verbreitern ließ, was schon im ersten Chromatogramm beobachtet wurde. Es lag nahe, aus diesem Verhalten auf zwei verschiedene rote Carotinoide zu schließen. Die Zonen des zweiten Chromatogramms wurden daher getrennt eluiert. Die spektrophotometrischen Absorptionskurven sind in Abb. 7 wiedergegeben. Die optischen Schwerpunkte liegen bei dem „oberen" Pigment bei 558, 516 und 492 mμ, bei dem „unteren" bei 554 und 510 mμ (in CS$_2$). Im Gitterspektroskop (Löwe-Schumm, Zeiss) konnten beim „oberen" Farbstoff Banden mit den Maxima 561, 520 und 494 mμ festgestellt werden, während das Spektrum

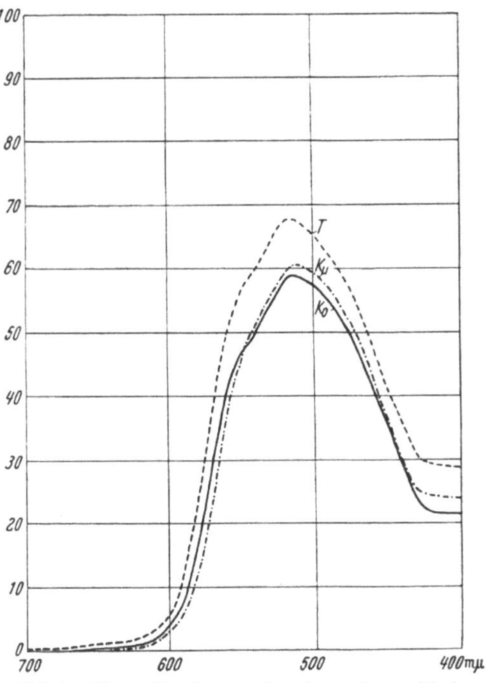

Abb. 7. Absorptionskurven der chromatographisch getrennten Farbstoffkomponenten von *Kniphofia aloides*. K$_o$ oberes, K$_u$ unteres Adsorbat, s. Text. T Absorptionskurve von Rhodoxanthin aus Arilli von *Taxus baccata*. Lösungsmittel CS$_2$. Ordinate: prozentuale Absorption.

des „unteren" Carotinoids Banden mit den optischen Schwerpunkten bei 547, 507 und etwa 480 mμ aufweist.

Vergleichen wir die Absorptionsmaxima der Spektren (in CS$_2$) mit denen bereits bekannter roter Carotinoide!

Kniphofia:

	mμ	mμ	mμ					
Obere Zone . .	561	520	494	Rhodoxanthin . .	564	525	491	
Untere Zone . .	547	507	480	Celaxanthin . . .	562	521	487	455
				Lycoxanthin und				
				Lycophyll	546	506	472	

Aus dieser Gegenüberstellung ergibt sich, daß es sehr wahrscheinlich ist, daß es sich bei den beiden roten Farbstoffkomponenten von *Kniphofia*-Blüten um Celaxanthin und Lycoxanthin bzw. Lycophyll handelt. Rhodoxanthin kommt nicht in Betracht, ebensowenig Capsorubin (s. S. 79) und Capsanthin, da deren Absorptionsbanden an anderer Stelle liegen. Lycopin wird an Zucker aus benzinischer Lösung nicht adsorbiert und kommt daher nicht in Frage. Wenn auch der endgültige Beweis noch aussteht, daß die roten Farbstoffe jüngerer *Kniphofia*-Blüten Lycophyll bzw. Lycoxanthin und Celaxanthin sind, die sich mit dem Altern der Blüten in gelbe Farbstoffe umwandeln, so spricht für diese Annahme der Vergleich der Konstitutionsformeln.

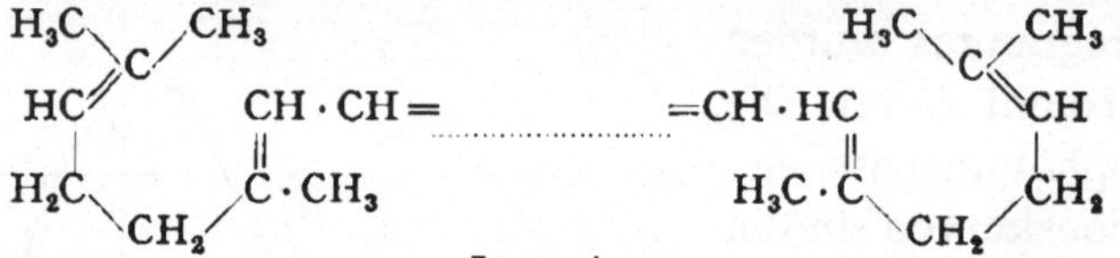

Lycopin

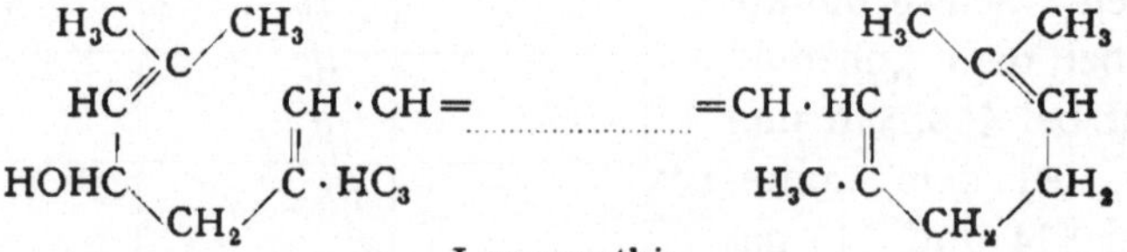

Lycoxanthin

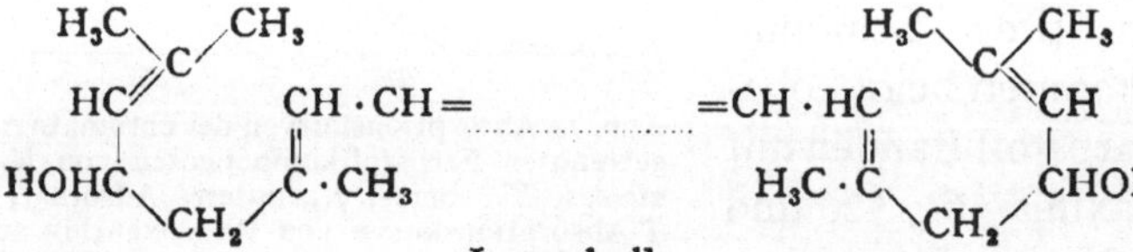

Lycophyll

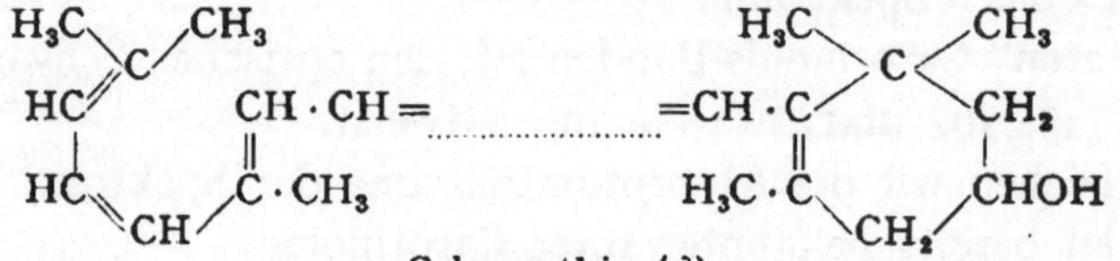

Celaxanthin (?)

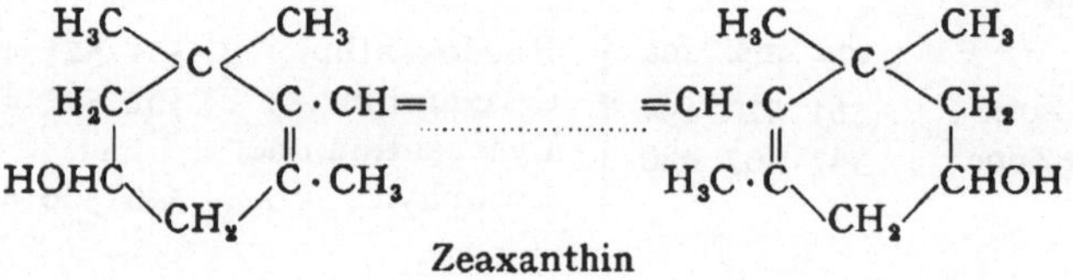

Zeaxanthin

Lycoxanthin besitzt 1, Lycophyll 2 Hydroxyle, beide haben „offene" Ringe. Celaxanthin hat 1 Hydroxyl und einen offenen und 1 Iononring, Zeaxanthin 2 Hydroxyle und 2 Iononringe. Die Zahl der Doppelbindungen ist bei Lycoxanthin, Lycophyll und Celaxanthin 13, bei Zeaxanthin 11. Der Farbunterschied rot-gelb wird dadurch verständlich. Je mehr Hydroxylgruppen vorhanden sind (von anderen Gruppen sei hier abgesehen), um so stärker ist die Adsorptionsfähigkeit der Carotinoide (s. KARRER und JUCKER 1948, S. 31). In den Chromatogrammen (Puderzucker) haftet Xanthophyll und Zeaxanthin zuoberst (2 OH), dann folgt Celaxanthin mit 1 OH, weiter unten Lycoxanthin ebenfalls mit 1 Hydroxyl. Lycophyll und Lycoxanthin weisen dieselben Absorptionsmaxima auf, das Adsorptionsverhalten weist aber darauf hin, daß bei *Kniphofia* Lycoxanthin vorhanden ist, da Lycophyll mit 2 Hydroxylen über dem Celaxanthin mit 1 OH-Gruppe liegen müßte (Durchfluß-Chromatogramm!). Aus dem Adsorptionsverhalten und der Lage der Spektralbanden ergibt sich, daß in den jungen Blüten von *Kniphofia* neben gelben Carotinoiden die roten Pigmente Lycoxanthin und Celaxanthin vorkommen, die schließlich durch Ringschluß und Oxydation in Zeaxanthin (oder Xanthophyll) übergehen. Wenn an dieser Auffassung auch noch Spekulatives haftet, so steht sie mit der Tatsache in Einklang, daß die roten Carotinoide in älteren Blüten verschwinden. Es ist wenig wahrscheinlich, daß die gelben Carotinoide in älteren Blüten nur „übriggebliebene" Xanthophylle (Primärcarotinoide) der Chloroplasten jüngster grüner Blüten sind. Darüber können nur quantitative Messungen Aufschluß geben, zu denen allerdings ein größeres Analysenmaterial nötig ist, als mir zur Verfügung stand.

Das temporäre Auftreten roter Carotinoide in den Perigonen von *Kniphofia* könnte auch so gedeutet werden, daß das Xanthophyll der Chloroplasten vorübergehend in Celaxanthin und Lycoxanthin umgewandelt wird. Wenn in den Chloroplasten von *Coniferen*, *Reseda* u. a. (s. S. 81) zeitweilig Rhodoxanthin auftritt, so muß beachtet werden, daß dieser Polyenfarbstoff gegenüber Xanthophyll stark dehydriert ist ($C_{40}H_{50}O_2/C_{40}H_{56}O_2$), während Celaxanthin und Lycoxanthin dieselbe Zahl von Wasserstoffatomen wie Zeaxanthin, nämlich 56, aufweisen, aber ein Sauerstoffatom weniger als das gelbe Pigment besitzen. Physiologisch gedacht ist die Oxydation eines Carotinoids im alternden Chromatophoren nicht verwunderlich. Die Plastiden in den Laubblättern der Coniferen haben eine lange Lebensdauer und eine Funktion (Photosynthese), indessen die Chromatophoren in den Blumenblättern hinfällige Gebilde sind.

Für die Auffassung, daß mit fortschreitendem Alter der Blüten sich aus den roten Pigmenten Lycoxanthin und Celaxanthin durch Ringschluß und Oxydation Zeaxanthin bildet, spricht auch der Befund, daß *Kniphofia aloides* eine Varietät bzw. Sorte aufweist, H. de Boer benannt, deren Blüten vom grünen Zustand (vor dem Aufblühen) ohne Rotfärbung in den gelben (blühenden) übergehen, also ein Verhalten zeigen, wie wir es in zahllosen Fällen bei der Blütenentfaltung antreffen. Mit anderen Worten: was die Blumenblätter der Stammform von *Kniphofia* langsam, optisch sichtbar vollziehen — die schrittweise Bildung des Zeaxanthins — geschieht bei der nur gelbblühenden Sorte „H. de Boer" so rasch, daß keine „rote Phase" zu sehen ist.

Die vergleichende Betrachtung des Farbwechsels von Blüten kann — wie es der vorliegende Fall besonders deutlich zeigt — für physiologische und biochemische Fragen nutzbar sein.

Die Farbe der Blumenblätter von *Adonis aestivalis* und anderer rotblühender *Adonis*-Arten wird ebenfalls durch Carotinoide bedingt (s. Hildebrand 1863). Wird das benzinische Pigmentextrakt an Zucker adsorbiert, so ist das Chromatogramm nahezu einheitlich. Außer einer schmalen gelben Zone zuoberst in der Zuckersäule, bei der es sich wahrscheinlich um ein dem Xanthophyll oder Zeaxanthin nahestehendes Carotinoid handelt, entsteht nur ein einheitlicher, breiter, himbeerfarbiger Ring. Im Filtrat finden sich geringe Mengen eines dunkelgelben Pigments, vermutlich Carotin. Eluiert man den roten Farbstoff mit Methanol, so erscheint die Lösung gelbrot; ebenso verhält sich das Pigment in Benzin, wenn es aus Methanol in dieses Lösungsmittel übergeführt wird. Die Absorptionskurve des Farbstoffs in CS_2 zeigt nur eine kräftige Bande bei 505 mμ, im Gitterspektroskop ließ sich derselbe Wert ablesen (Abb. 8).

Ein Vergleich der Absorptionskurve des „*Adonis*-Farbstoffes" mit der von Astacin, dem typischen Farbstoff der Hummerschale, zeigt eine auffallende Übereinstimmung. Astacin galt lange Zeit als „tierisches Carotinoid", man hat es aber bei *Euglena* und in der Alge *Haematococcus* nachweisen können (s. Karrer und Jucker 1948). Die Entscheidung steht noch aus, ob in den Blumenblättern von *Adonis* in vivo Astacin oder Astaxanthin vorliegt. Letzteres besitzt gegenüber Astacin 4 H-Atome mehr. In Pyridin weist Astaxanthin Banden bei 513, 493 und 476 mμ auf, während Astacin nur eine Bande etwa bei 500 (Pyridin) bzw. 510 (CS_2) mμ hat. Da in den Blumenblättern von *Adonis* neben Astacin bzw. Astaxanthin auch noch gelbe oxydierte Carotinoide, außerdem Carotin, vorkommt, braucht es nicht wunderzunehmen, daß im Spektrum frischer Blumenblätter die Banden des Astaxanthins nicht zu erkennen sind (SEYBOLD und WEISSWEILER 1944, Fig. 27).

Bekanntlich gibt es bei *Adonis aestivalis* und *A. flammeus* neben der rotblühenden Form (var. *typica*) eine gelbblühende (f. *citrinus*). Die Frage, ob bei den rotblühenden *Adonis*-Formen gelbe Carotinoide mit 56 H- und 2 O-Atomen im Molekül weiter oxydiert und dehydriert werden, also etwa aus Zeaxanthin Astaxanthin wird, oder ob die roten Carotinoide sich direkt in den Chromatophoren bilden, ließ sich bislang nicht beantworten.

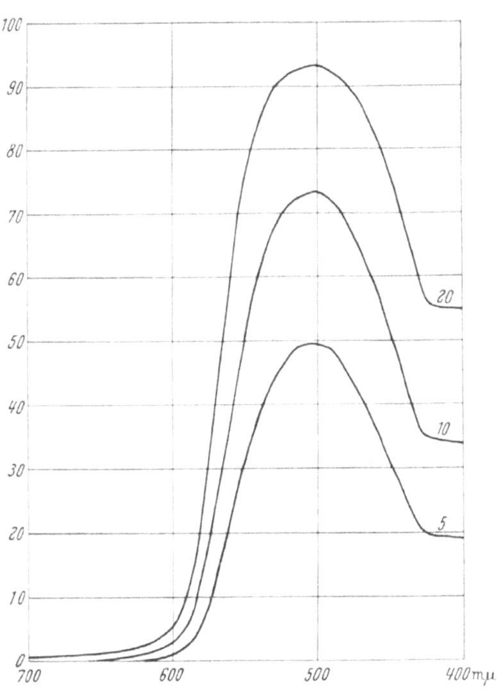

Abb. 8. Absorptionskurven von Astacin aus den Blumenblättern von *Adonis aestivalis* in verschiedenen Verdünnungen (1:5, 1:10 und 1:20). Lösungsmittel CS_2.

Im Hinblick auf die stufenweise Farbstoffbildung in Blumenblättern sei noch auf *Adonis caerulea*, eine chinesische, blaublühende Art hingewiesen, die wahrscheinlich chymochrome Farbstoffe besitzt.

„Gleichfalls durch orange Körner bedingt wird die Blütenfarbe von *Dyckia remotiflora*" (HILDEBRAND 1863). Bei einer chromatographischen Analyse der Carotinoide aus den gelbroten Blumenblättern einer nicht näher bezeichneten *Dyckia*-Art erwies sich der größte Teil der Polyenfarbstoffe aus Benzin als nicht adsorbierbar an Zucker: das Filtrat hatte eine kräftige rotbraune Farbe. In dem Chromatogramm traten lediglich schmale, hellgelbe und himbeerrote Ringe auf. Bei ersteren handelt es sich wohl um Xanthophylle, bei letzteren konnte leider nicht festgestellt werden, welches rote Carotinoid vorliegt, da die Farbstoffmenge zu gering war. Die nicht absorbierten, im Filtrat befindlichen Pigmente wurden in methanolischer Lösung mit Kalilauge versetzt, um etwa vorhandene Polyenester zu verseifen. Bei einer erneuten Chromatographie aus Benzin bildete sich in der Zuckersäule ein hellgelber Farbring, bei dem es sich um Xanthophyll handelt, das also in den Blumenblättern in veresterter Form vorliegt. Wahrscheinlich handelt es sich um Physalien. Das Filtrat war wiederum rotbraun; vermutlich liegt ein hydroxylfreies Carotinoid vor. Die spektroskopische Untersuchung ergab die Bandenmaxima: 542, 508, 470 mμ. Da Lycopin in CS_2 Bandenmaxima bei 545, 507 und 473 besitzt und auch das gleiche Adsorptionsverhalten gegenüber Puderzucker hat, kann geschlossen werden, daß die rote Farbe der *Dyckia*-Blüten von Lycopin herrührt, die anderen Carotinoide dürften sich färberisch nicht auswirken.

In den orangefarbigen Blumenblättern von *Cajophora lateritia* sind gelbbraune Chromoplasten vorhanden. Die Farbe wird demnach von Carotinoiden bedingt. In dem Chromatogramm des benzinischen Extraktes der Blumenblätter treten mehrere gelbe und himbeerrote Ringe auf, während das Filtrat eine braungelbe Farbe hat. Die gelben Zonen der Zuckersäule deuten auf das Vorhandensein von Xanthophyllen hin. Aus einem breiten roten Ring wurde nach Verwerfung seiner Randzonen ein Carotinoid eluiert und über Benzin in CS_2 übergeführt. Im Gitterspektroskop ließen sich Bandenmaxima ablesen bei 538, 500 und 466 mμ. Capsorubin weist ähnliche Bandenmaxima auf (541, 503, 468), so daß an der Identität beider Pigmente nicht zu zweifeln ist. Das Hauptcarotinoid der *Cajophora*-Blumenblätter ist Capsorubin.

Die Farbe der orangeroten Blüten von *Lilium calcedonicum* wird durch Carotinoide hervorgerufen. Die Chromoplasten treten als „runde Körnchen" auf (Hildebrand 1863); der Zellsaft ist ungefärbt. Das gleiche gilt für die roten Blumenblätter von *Lilium amabile*. Die Pigmente der Blumenblätter dieser Art wurden in der üblichen Weise chromatographiert. Es entstanden mehrere hellgelbe und rote Farbringe, die sich durch Waschen mit Benzin verbreitern und nahezu trennen ließen. Die gelben Ringe rühren wahrscheinlich von Xanthophyllen her. Das rote Pigment wurde unter Verwerfung der Randzonen mit Methanol eluiert und sein Spektrum in CS_2 ermittelt; Zwei Banden waren deutlich zu erkennen. Im Gitterspektroskop: 540 und 503, HARDY-Kurve 538 und 502 mμ (Abb. 9). Capsanthin weist dieselben Bandenmaxima auf: 542 und 503. KARRER und JUCKER (1942) fanden in den Staubbeuteln von *Lilium tigrinum* neben Antheraxanthin Capsanthin. Dieses ist für die Farbe der roten Blumenblätter von *Lilium amabile* maßgebend.

V. Weiße Blumenblätter.

Die weißblühenden Blumenblätter zählen zu den Chymochromen. Im Zellsaft gelöste Flavonole und Anthocyane, die in Leukoform oder als Pseudobase ausgebildet sind, kann man bei allen weißblühenden Arten mit verschiedenen Methoden feststellen (siehe S. 93). Die gelegentlich anzutreffende Auffassung, die bis dato auch in Lehrbüchern vertreten wird, daß die Anthocyane rot-

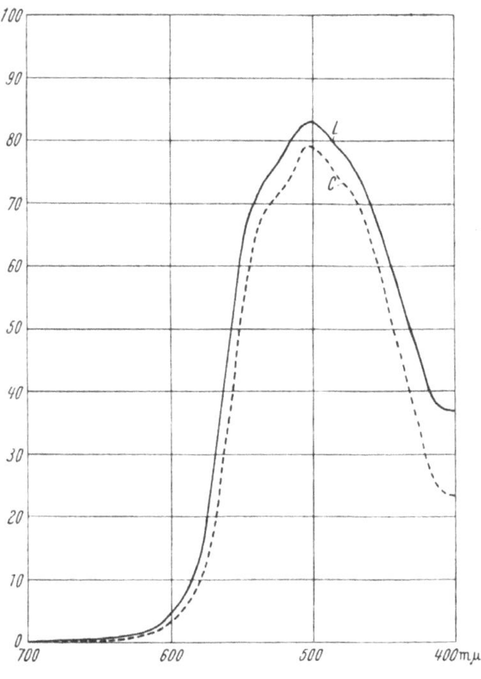

Abb. 9. Absorptionskurven von Capsanthin aus Blumenblättern von *Lilium amabile* (L) und aus Früchten von *Capsicum annuum* (C). Lösungsmittel CS_2.

oder blaublühender Arten bei weißblühenden Varietäten nicht zur Ausbildung kämen, ist nicht zutreffend, ebensowenig wie die Ansicht, daß weiße Blumenblätter eine Totalreflexion hätten, also die optischen Verhältnisse dieselben wie beim Schnee wären[1]. Unter Hinweis auf frühere Untersuchungen (SEYBOLD und WEISSWEILER 1944) und die Abb. 10 und 11 kann gesagt werden, daß im

---

[1] Totalreflexion eines Lichtstrahles erfolgt nur, wenn sein Einfallswinkel eine gewisse Größe erreicht (s. Lehr- und Handbücher der Physik). Daß in weißen und anders gefärbten Blumenblättern (auch grünen Laubblättern!) Lichtstrahlen „total reflektiert" werden können, ist unbestritten, die Reflexion des gesamten eingestrahlten Lichtes ist aber bei Blättern niemals total (= 100%).

Spektralbereich 700—500 mμ bei weißen Blumenblättern eine Reflexion von 40—60% des einstrahlenden Lichtes erfolgt, während
die Transmission etwa 10—50% ausmacht. Die cytologisch-histo-
logischen Verhältnisse (Blattdicke usw.) geben wohl in erster Linie
in diesem Spektralgebiet den Ausschlag für die Größe der Absorption, die etwa 10—25% beträgt. Daß der anatomische Bau der
Blumenblätter mit den lufthaltigen Intercellu-
laren die Reflexion des einfallenden Lichtes be-
günstigt (nicht nur bei weißen Blumenblättern!), ist unbestritten, die optischen Verhältnisse des Schnees mit denen der weißen Blumenblätter gleichzuset-zen, ist aber unzulässig,
da die Schneekristalle keinen Farbstoff enthalten, wohl aber die „farb-losen", unserem Auge
weiß erscheinenden Blu-menblätter. Spektro-
photographische Auf-nahmen lebender, weißer Petalen zeigen im kurzwelligen Spektralbereich etwa ab 440 mμ eine starke Absorption
(Abb. 10 und 11), die

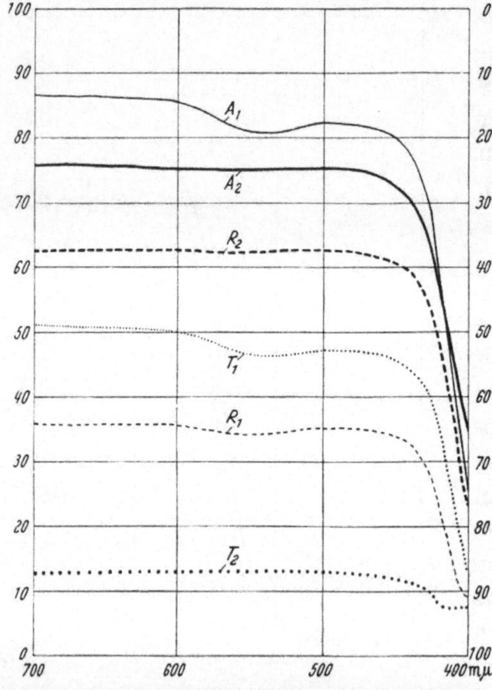

Abb. 10. Reflexions-, Transmissions- und Absorptionskurven der weißen Blumenblätter von *Oenothera
rosea* (R_1, T_1 und A_1) und *Paeonia officinalis* (R_2, T_2
und A_2). Linke Ordinatenwerte gültig für Reflexion
und Transmission, rechte für Absorption
$[A = 100 — (R + T)]$.

nicht allein durch Protoplasma, Cellulose und andere „farblose"
Substanzen bedingt sein kann, weil wäßrige Extrakte im UV-
Gebiet eine beachtliche Absorption aufweisen.

Ehe wir uns mit den Pigmenten der weißen Blumenblätter
befassen, sei wenigstens kurz die Frage erörtert, ob wir das Recht
haben, von „weißer Farbe" überhaupt zu sprechen. WILHELM
OSTWALD hat bekanntlich der Reihe der bunten Farben die Reihe
der unbunten (weiß-grau-schwarz) gegenübergestellt. Diese wissen-
schaftliche Auffassung entspricht durchaus dem Sprachgebrauch,

wenn auch hier gewisse Ungenauigkeiten anzutreffen sind, die vielleicht etwas dazu beitragen, daß die weißen Blumenblätter physiologisch falsch beurteilt werden. Spricht man z. B. von einem farbigen Kleid, so meint man damit, daß es von auffallender Farbe, also bunt (rot … blau), nicht schwarz, grau oder weiß ist. Es wird aber niemand sagen, daß etwa ein Schimmel oder ein Rappe farblos sei! Der Poet läßt einen Zelter schneeweiß, den Teufel kohlpechrabenschwarz sein. Wie viele Trikoloren enthalten weiß oder schwarz! Und Preußens Farben!? „Grün ist das Land, Rot ist die Kant, weiß ist der Strand, das sind die Farben von Helgoland." In einen kompletten Malkasten gehören schließlich auch Kremserweiß und Lampenschwarz. Niemand wird es einfallen, schwarz und weiß nicht als Farben gelten zu lassen. Man spricht nun aber auch von „ungefärbter" Leinwand, wenn sie uns weiß erscheint und verlangt vielfach von Farben, daß sie wasch-, lichtecht usw., also nicht vergänglich sind, nicht

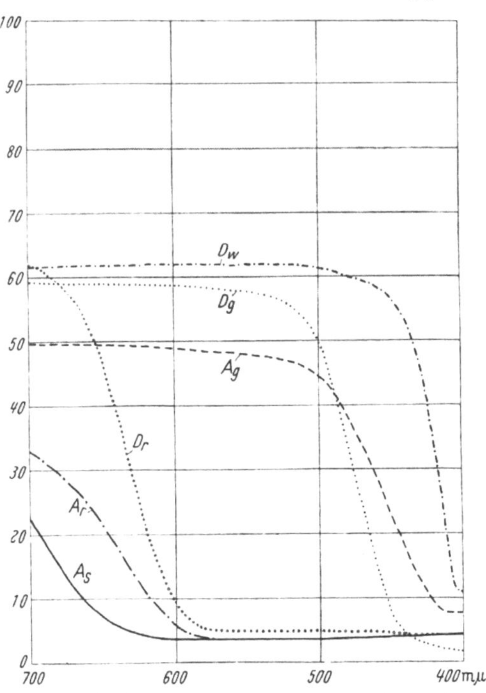

Abb. 11. Reflexionskurven von weißen (*w*), gelben (*g*) und roten (*r*) Blumenblättern von *Dahlia variabilis* (D_w, D_g, D_r) und gelben (*g*), roten (*s*) und schwarzen (*s*) Blumenblättern von *Althaea rosea* (A_g, A_r, A_s).

„ausbleichen". Allenfalls darf der Färber sagen, daß ein Tuch sich entfärbt hat, farblos wird, wenn der Farbstoff verschwindet. Der Physiologe darf aber nicht die Meinung haben, daß etwa die Verfärbung einer blauen Blüte zu weiß (z. B. Kornblume, Wegwarte) das Verschwinden des Farbstoffs anzeigt. Wenn man will, kann man sagen, daß die „Farbe" blau usw. verschwindet, nicht aber der „Farbstoff". Ein laxer Ausdruck kann in der Physiologie leicht auf eine falsche Fährte führen! Kurzum, weiße Blumenblätter mögen als „farblos" gelten im Sinne von unbunt, frei von Farbstoffen sind sie — physiologisch und biochemisch beurteilt — nicht.

Es ist verwunderlich, daß der bereits von Marquart (1835)
gemachte Befund, daß in weißen Blumenblättern Extraktivstoffe,
die wir heute „Flavonole" usw. bezeichnen, vorhanden sind, lange
Zeit in Vergessenheit geriet. Bischoff (1836) hat in seinem Lehrbuch darauf hingewiesen: „Dieser ungefärbte Extraktivstoff zeich-
net sich besonders durch seine Empfindlichkeit gegen Alkalien
aus, die ihm eine gelbe Farbe erteilen. Daher nehmen weiße
Blumen, wenn man sie in alkalische Flüssigkeiten taucht oder dem
Dunste von Ätz-Ammoniak aussetzt, eine schöne gelbe Farbe an,
ohne ihr frisches Aussehen zu verlieren." Damit ist der erste
Nachweis von Flavonolen geglückt. Das Problem der weißen
Blumenblätter konnte aber nur auf Grund der chemischen Erforschung der Flavonole, Anthocyane und Catechine erfolgreich in
Angriff genommen werden.

Unter Hinweis auf die einschlägigen Lehr- und Handbücher
sei hier nur erwähnt, daß bei der Reduktion eines Flavonols zu
Anthocyan ein Zwischenprodukt auftreten kann (Willstätter,
Shibata), das für unser Auge ungefärbt ist. Aus diesem Grunde
bezeichnet man solche Substanzen als Leukobasen (Pseudobasen).

Epicatechin   Leukoform

Cyanidin   Quercetin

Über die Biogenese der Flavonole und Anthocyane ist noch wenig
bekannt. Diese und die chemisch eng verwandten Catechine unterscheiden sich nur in der Oxydationsstufe. Vergleichen wir die oben-
stehenden Formeln, so können wir sagen, daß Epicatechin gegenüber den anderen Verbindungen am meisten H-Atome besitzt,
Quercetin (Vertreter der Flavonole) am meisten O-Atome. Mit
anderen Worten stellt Epicatechin die höchste, Quercetin die

niedrigste Reduktionsstufe dar. FREUDENBERG konnte zeigen, daß die Catechine als hydrierte Flavonole oder hydrierte Anthocyanidine aufgefaßt werden müssen. Daß zwischen den Catechinen, Anthocyanen und Flavonolen eine große Ähnlichkeit besteht, ist unbestritten, die Frage ist nur die, welche chemischen Vorgänge in vivo in den Blumenblättern ablaufen, z. B. bei der zeitlichen Verfärbung roter Blumenblätter zu weiß oder umgekehrt. Beide Vorgänge sind anzutreffen. Die Blüten von *Quisqualis indica*, *Hibiscus mutabilis* u. a. blühen weiß auf und werden nach einiger Zeit (Stunden, Tage) rot; umgekehrt verhalten sich z. B. die Blüten von *Cichorium intybus:* die morgens aufblühenden Infloreszenzen sind intensiv blau, während sie im Laufe des Tages nach und nach verblassen. SUESSENGUTH (1936, 1938) führt weitere Beispiele an.

Vom physiologischen Standpunkt aus gesehen möchte man mit zunehmendem Alter der Blumenblätter einer Oxydation bzw. fortschreitender Dehydrierung vorhandener Farbstoffe gegenüber einer Reduktion (zunehmenden Hydrierung) solcher den Vorzug geben. Der Effekt der Rötung weißer Blumenblätter (Typus I) und das Weißwerden roter oder blauer (Typus II) läßt sich sehr wohl als fortschreitende Dehydrierung auffassen, wenn man bei dem Typus I als Vorstufe der farbigen Anthocyane farblose Catechine annimmt, bei dem Typus II eine weitere Dehydrierung und Oxydation der farbigen Anthocyane zu gelben oder weißen Flavonolen in Betracht zieht.

REICHEL und BURKART (1938) konnten Catechine zu Anthocyanen oxydieren und umgekehrt mit Hilfe gärender Hefen Anthocyane zu Catechinen reduzieren, indessen die Umwandlung von Flavonolen zu Anthocyanen seit WILLSTÄTTER und SHIBATA bekannt ist. Wenn die Anthocyane sich aus Flavonolen bilden (Typus I), so muß eine Hydrierung erfolgen. Beim Typus II führt hingegen eine Hydrierung von Anthocyanen zu Leukobasen bzw. Catechinen.

Daß sich Anthocyane in Blumenblättern auch direkt bilden können und nicht erst durch Hydrierung von Flavonolen entstehen, hat NOACK (1922) aufgezeigt. Es kommen also in solchen Fällen gleichzeitig Flavonole und Anthocyane nebeneinander vor.

Neben der leicht beobachtbaren Tatsache der natürlichen Verfärbung weißer Blüten zu rot (Typus I) und umgekehrt (Typus II) stehen die experimentellen Befunde, daß 1. weiße Blüten sich nur

röten, wenn freier Sauerstoff zugegen ist (Molisch, s. auch Suessenguth), 2. daß durch Reduktion (HCl mit Zinkstaub) wäßrige farblose Extrakte von *Hibiscus mutabilis* sich röten (Kuijper 1931).
Suessenguth, der es für wahrscheinlich hält, daß die Bildung
von Anthocyanidinen auf einer Oxydation von Zuckern beruht,
macht im Falle von *Hibiscus* darauf aufmerksam, daß in den
wäßrigen Extrakten dieser Blüten vielleicht Quercetin enthalten
ist, das bei einer Reduktion in Anthocyanidin übergeht. Die in
vivo eintretende Rötung, die vermutlich eine Oxydation von
„Leukoanthocyanidin" zu Anthocyanidin ist, braucht mit der in
vitro erfolgenden Rötung (Reduktion von Flavonol zu Anthocyanidin) nicht in Widerspruch zu stehen. Es ist wahrscheinlich,
daß farblose Catechine bzw. Leukoanthocyane und Flavonole als
farblose Glykoside auch in Blumenblättern anderer Art nebeneinander vorkommen, genau so, wie mehrere Hydroxylierungs-
stufen von Anthocyanidenen, wie Pelargonin, Cyanidin und Del-
phinidin in ein- und denselben Blumenblättern gefunden wurden.
Daß solche chymochromen Pigmente auch neben plasmochromen
(z. B. Carotinoiden) auftreten können, ist bereits auf S. 23 diskutiert worden.

Die weißen Blumenblätter, die keine Verfärbung während ihres
kurzen Daseins zeigen, enthalten durchwegs Pigmente, die zwar
unserem Auge farblos erscheinen. (Wie „bunt" weiße Blumenblätter etwa die Honigbiene empfindet, sei dahingestellt.) Mein
Schüler H. Loeb (1948) hat bei etwa 170 weißblühenden Arten
bzw. Varietäten Flavonole bzw. Leukoanthocyan nachweisen
können. Er wandte die Reduktionsmethode nach Shibata (1916),
die Fluorescenzmethode nach Wilson-Tauböck (1939/1942) und
die Ammoniakprobe nach Marquart (1835) an. Außerdem war
der spektrographische Nachweis mit dem UV-Spektrographen
(Zeiss Qu 24) positiv.

Da aus zeitbedingten Gründen die Untersuchungsergebnisse von
Loeb nicht veröffentlicht worden sind, seien in der Tabelle 8 die
Befunde solcher weißer Blumenblätter wiedergegeben, bei denen die
3 genannten Methoden angewandt wurden. In allen Fällen (104)
war die Fluorescenzprobe (F) positiv, die Reduktionsmethode (R)
in 31 Fällen negativ, nur in einem Fall, *Pelargonium zonale*, erwies
sich die NH$_3$-Probe negativ. Diese vergleichenden Bestimmungen
zeigen, daß ein negativer Befund mit der R-Methode nicht den
Schluß erlaubt, daß in solchen Fällen keine Flavonole bzw. Pseudo-

basen vorhanden sind. STÖRMER und V. WITSCH (1938) konnten in den weißen Arealen blau-weiß-gescheckter Blumenblätter der Gartenpetunie „weder farblose Pseudobasen noch andere flavonartige Substanzen nachweisen" (Methode nach G. KLEIN und R-Methode). Die weißen Areale grün-weiß-gescheckter Blüten verhielten sich ebenso. In den grüngelblichen Scheckungsfeldern sind dagegen Flavonole vorhanden, wie in den jungen Knospen (später) blaublühender Klone. In LOEBS Untersuchungen verhielten sich rein weiße Blumenblätter der Petunie bei allen 3 Methoden flavonolpositiv. Da die R-Methode in nicht wenigen Fällen (s. S. 42) auch in den vergleichenden Bestimmungen von LOEB negativen Befund zeigte, ist es nicht unwahrscheinlich, daß auch in den weißen Blumenblattarealen der von STÖRMER und V. WITSCH untersuchten Petunien Flavonole vorkommen. Selbst wenn diese Deutung nicht zutreffen sollte, so müßten vorderhand weiße Blumenblätter ohne Flavonole (und Pseudobasen) als Ausnahme gelten. Unberechtigt scheint mir die Auffassung, die HARDER (1938) auf den Ergebnissen von STÖRMER und V. WITSCH fußend vertritt, daß alle Blumenblätter im frühesten Jugendstadium farblos seien. Darauf kommen wir später zurück (s. S. 56).

Es sei hier noch kurz auf die postmortale Verfärbung weißer Blumenblätter hingewiesen, wie sie z. B. bei gewissen *Campanula*-Arten im Herbar auftritt. PRANTL (1871) hat bereits hierfür eine plausible Erklärung gegeben: eine Vorstufe des Anthocyans, von ihm Chromogen genannt, entwickelt sich beim Trocknen zum Farbstoff selbst. Ob es sich hierbei um eine Oxydation oder Reduktion eines „farblosen" Pigments handelt (s. S. 38), sei dahingestellt. Wenn blaßgelbe, chymochrome Blumenblätter beim Trocknen grün werden, so ist die Mischfarbe z. B. bei *Primula elatior* auf das Vorhandensein der gelben Pigmente Carotinoide und Flavonole und blauer Anthocyane zurückzuführen (vgl. S. 50).

VI. Alternative Färbungen bei Blumenblättern.

Bei der Darstellung der Analysenergebnisse plasmochrom gelber Blumenblätter ist bereits das Problem der Gelbfärbung durch Flavonole angeschnitten worden. Da diese in allen weißen Korollen vorhanden sind (s. S. 42) ist es nicht überraschend, daß die WILSON-TAUBÖCK-Reaktion auch bei andersfarbigen Blumenblättern positiv ist. Eine systematische Untersuchung konnte einen Beitrag zu der Frage der Häufigkeit chymochrom gelber Blumenblätter

Tabelle 8. *Werte nach* H. LOEB 1948.

F = Flavonolbestimmung nach WILSON-TAUBÖCK; R = Reduktionsmethode und NH_3Probe.

	F	R	NH_3
Magnolia precia	+	+	+
Anemone nemorosa	+	+	+
A. silvatica	+	+	+
Aquilegia vulgaris	+	+	+
Clematis recta	+	+	+
Delphinium consolida	+	+	+
Helleborus niger	+	+	+
Paeonia officinalis	+	+	+
Nymphaea alba	+	+	+
Epimedium alpinum	+	−	+
Papaver somniferum	+	+	+
Arabis umbellata	+	−	+
Cardamine pratensis	+	−	+
Cheiranthus cheiri	+	+	+
Iberis sempervirens	+	+	+
Lunaria biennis	+	−	+
Matthiola annua	+	+	+
Deutzia gracilis	+	−	+
D. glabra	+	−	+
Philadelphus coronarius	+	+	+
Hydrangea hortensis	+	+	+
Crataegus monogyna	+	+	+
Cydonia vulgaris	+	−	+
Dryas octopetala	+	−	+
Fragaria vesca	+	+	+
Pirus communis	+	+	+
P. malus	+	−	+
Prunus armeniaca	+	−	+
P. avium	+	+	+
P. cerasus	+	−	+
P. domestica	+	−	+
P. padus	+	+	+
P. spinosa	+	−	+
Rosa canina	+	+	+
Rubus fruticosus	+	+	+
R. idaeus	+	+	+
Lathyrus vernus	+	+	+
Robinia pseudacacia	+	+	+
Wistaria sinensis	+	+	+
Begonia rex	+	+	+
Dictamnus albus	+	+	+
Viola odorata var. *alba*	+	+	+
V. tricolor var. *alba*	+	+	+
Daphne mezereum	+	+	+
Althaea rosea	+	+	+
Geranium pratense	+	+	+
Pelargonium zonale	+	+	−
Cerastium arvense	+	+	+
Dianthus barbatus	+	+	+
D. chinensis	+	−	+
Melandryum album	+	+	+
Saponaria officinalis	+	+	+
Silene inflata	+	−	+

	F	R	NH_3
Erica carnea	+	+	+
Rhododendron indicum	+	+	+
Syringa vulgaris	+	+	+
Hottonia palustris	+	−	+
Primula sinensis	+	+	+
Armeria alpina	+	+	+
Nerium oleander	+	+	+
Vinca minor	+	+	+
Vincetoxicum officinalis	+	−	+
Convolvulus sepium	+	+	+
Phlox paniculata	+	+	+
Myosotis vulgaris	+	−	+
Symphytum officinalis	+	+	+
Lamium album	+	+	+
Petunia sp.	+	+	+
Solanum niger	+	−	+
S. tuberosum	+	−	+
Antirrhinum majus	+	+	+
Digitalis purpurea	+	+	+
Lonicera xylostea	+	+	+
Viburnum opulus	+	+	+
Diervillea rosea	+	+	+
Knautia arvensis	+	−	+
Campanula persicifolia	+	+	+
Aster hortensis	+	+	+
Bellis perennis	+	+	+
Centaurea montana	+	+	+
Cosmea sp.	+	+	+
Chrysanthemum carinatum	+	+	+
Chr. japonicum	+	−	+
Chr. leucanthemum	+	+	+
Chr. sp. (Winteraster)	+	+	+
Dahlia variabilis	+	+	+
Matricaria chamomilla	+	−	+
M. inodora	+	−	+
Zinnia sp.	+	−	+
Stratiotes aloides	+	−	+
Convallaria majalis	+	+	+
Funkia ovata	+	−	+
Hyacinthus orientalis	+	+	+
Lilium candidum	+	+	+
Polygonatum multiflorum	+	−	+
Yucca radiosa	+	−	+
Galanthus nivalis	+	+	+
Leucoium vernum	+	−	+
Narcissus poeticus	+	+	+
Crocus vernus	+	+	+
Gladiolus sp.	+	+	+
Iris germanica	+	−	+
Freesia refracta	+	+	+
Calla palustris (Spatha)	+	+	+

liefern. KLEIN (1920) hat bereits etwa 300 gelbblühende Arten untersucht und bei 60 „Anthochlor" ermittelt (mikrochemischer und mikroskopischer Nachweis). Es darf daraus nicht geschlossen werden, was KLEIN selbst nicht getan hat, daß 20% der gelbblühenden Arten chymochrome Blumenblätter besitzen, da unter ihnen sich solche befinden, die neben Flavonolen und verwandten Verbindungen Chromoplasten aufweisen. Außerdem darf hier auch Anthochlor nicht mit Flavonol synonym gebraucht werden, da z. B. *Verbascum* ein chymochromes Carotinoid, Crocin, enthält (s. S. 25). In der Literatur werden oft die Ergebnisse von KLEIN inkorrekt verwertet; auch andere Formulierungen geben da und dort zu Mißverständnissen Anlaß. So ist mir die Frage vorgelegt worden, ob die Farbe des gelben Stiefmütterchens durch Violaxanthin (ein Carotinoid) oder durch Violaquercitrin (ein Flavonolglykosid) bedingt sei. „Nicht die große Menge des Quercitrins, sondern der kleine Gehalt von Carotin bedingt die Farbe" (KLEIN 1920). Wenn z. B. KARRER (Lehrbuch der organischen Chemie 1948) angibt, daß Quercitrin in Blüten des Goldlacks, des gelben Stiefmütterchens und der roten Rose nachgewiesen wurde und MAYER (1935) dasselbe Flavonol für die Blüten von *Eschscholtzia californica* anführt, so haben diese Autoren damit nicht behaupten wollen, daß die Farbgebung durch Quercitrin bedingt sei (s. auch *Forsythia, Lotus corniculatus, Primula*, S. 24, 26 u. 27).

Wenn der Chemiker z. B. in ein und denselben gelben Blumenblättern Flavonole und Carotinoide festgestellt hat und diese quantitativ gegenüber jenen zurücktreten, so kann er mit einigem Recht die Flavonole Hauptfarbstoffe, die Carotinoide Nebenfarbstoffe nennen. Der Physiologe darf aber daraus nicht folgern, daß der „Hauptfarbstoff" für die Farbe der Blumenblätter ausschlaggebend sei. Im allgemeinen „färben" Carotinoide kräftiger als Flavonole. Es gibt auch Fälle, in denen geringe Mengen von Anthocyanen einem carotinoidreichen Blumenblatt eine rote Farbe verleihen. Kurzum, quantitative Bestimmungen gekoppelt auftretender Pigmente sagen über die Farbgebung nichts aus, das können allein spektrophotometrische Messungen, allenfalls auch colorimetrische.

Es schien mir angezeigt, eine größere Anzahl gelbblühender Arten einer erneuten Prüfung mit der Phasenprobe und der WILSON-TAUBÖCK-Methode zu unterwerfen, um einen Überblick zu erhalten, in welchem Umfang plasmochrome und chymochrome Gelbfärbung auftritt. Dabei ist die Prüfung auch auf eine kleinere Zahl von rot, blau, violett und weiß blühender Blumenblätter ausgedehnt worden (diese 1942/43 vorgenommenen Untersuchungen gaben alsdann Anlaß zu der Arbeit von H. Loeb 1948).

Die Befunde sind in den Tabellen 9—27 zusammengestellt. Die Auswertung ergibt folgendes: 1. Unter etwa 250 gelben Blumenblättern konnten in 30 Fällen keine Flavonole nachgewiesen werden. 2. Etwa 200 Arten enthalten diese neben Carotinoiden in ihren Korollen. 3. Unter etwa 140 chymochromen Blumenblättern (rot, blau, violett und gelb) führen 20 keine Flavonole; bei den weißen sind diese (bzw. Pseudobasen) ausnahmslos vorhanden. Bei etwa 70 bunten (nicht gelben chymochromen) Arten treten neben Anthocyanen also Flavonole auf. 4. In 20 Fällen waren bei rot und gelb blühenden Arten keine Carotinoide und Flavonole nachweisbar.

Tabelle 9. Ranunculaceae.

Farbe: g gelb; r rot; b blau; w weiß; v grün; C = Carotinoide; F = Flavonole.

	Farbe	C	F		Farbe	C	F
Aconitum lycoctonum .	g	+	+	*Ranunculus arvensis* .	w	+	+
Adonis aestivalis, gelb	g	+	+	*R. auricomus*	g	+	+
A. aestivalis, rot . . .	r	+	+	*R. ficaria*	g	+	+
A. autumnalis, rot . .	r	+	+	*R. lanuginosus*	g	+	+
A. vernalis	g	+	+	*R. lingua*	g	+	+
Anemone ranunculoides	g	+	+	*R. nemorosus*	g	+	+
A. silvestris	w	—	+	*R. repens*	g	+	+
Aquilegia atropurpurea	r	—	+	*R. caucasicus*	g	+	—
A. chrysantha . . .	g	+	+	*Trollius europaeus* . .	g	+	+
A. vulgaris	b	—	+	*Aristolochia clematitis*	g	+	+
Caltha palustris . . .	g	+	+	*A. rotundifolia*	g	+	+
Eranthis hiemalis . .	g	+	+	*A. sipho*	vg	+	+
Helleborus niger . . .	w	—	+	*Liriodendron tulipifera*	g	+	+
Paeonia lutea	g	+	+	*Nymphaea alba* . . .	w	—	+
P. mlokosewitschi . . .	g	+	+	*N. coerulea*	b	—	+
P. officinalis	w	—	+	*N. lutea*	g	—	+
P. tenuifolia	r	—	—	*N. flava*	g	—	+
P. wittmanniana . . .	g	—	+	*N. hybrida*, rot . . .	r	—	+
Ranunculus aconitifolius	w	—	+	*Nuphar pumilum* . .	g	+	—

Tabelle 10. Cruciferae.

	Farbe	C	F		Farbe	C	F
Alyssum montanum .	g	+	+	*Dentaria pinnata* . . .	r	—	+
Biscutella laevigata . .	g	+	+	*Diplotaxis tenuifolia* .	g	+	+
Brassica rapa annua .	g	+	+	*Iberis sempervirens* . .	w	—	+
Cheiranthus cheiri . .	g	+	+	*Roripa silvestris* . . .	g	+	+

Tabelle 11. *Papaveraceae (Berberidaceae).*

	Farbe	C	F		Farbe	C	F
Argemone mexicana	g	+	+	Meconopsis cambrica .	g	+	+
Chelidonium franchettianum	g	+	+	Papaver bracteatum . .	g	—	+
				P. burseri	g	—	+
Corydalis lutea. . . .	g	+	+	P. lateritium	g	+	+
Glaucium flavum . . .	g	+	+	P. nudicaule.	g	—	+
Eschscholtzia californica, gelb	g	+	+	P. rhoeas	r	—	—
				P. somniferum	w	—	+
E. californica, weiß .	w	—	+	Stylophorum japonicum	g	+	+
Hunnemannia fumariifolia.	g	+	+	Epimedium pinnatum .	g	+	+
				Mahonia aquifolium .	g	+	+

Tabelle 12. *Saxifragaceae — Crassulaceae.*

	Farbe	C	F		Farbe	C	F
Cotyledon retusa . . .	g	+	—	R. rubrum.	r	—	+
Hydrangea (Hortensia)	v	+	+	R. sanguineum . . .	r	—	+
Kirengeshoma palmata	g	+	+	Saxifraga cymbalaria .	g	+	+
Philadelphus coronarius	w	—	+	Sedum acre	g	+	+
Ribes aureum	g	+	+				

Tabelle 13. *Rosaceae — Calycanthaceae.*

	Farbe	C	F		Farbe	C	F
Calycanthus praecox .	g	+	+	Potentilla grandiflora .	g	+	+
C. floridus	r	—	+	P. japonica	g	+	+
Agrimonia eupatoria .	g	+	+	P. verna	g	+	+
Cydonia japonica . .	r	—	—	Rosa canina	r	—	+
Dryas octopetala . . .	w	—	+	R. hugonis	g	+	+
Geum heterocarpum . .	g	+	+	R. rugosa	r	—	—
G. rivale	g	+	+	Sieversia montana . .	g	+	+
Kerria japonica . . .	g	+	+	Waldsteinia trifolia . .	g	+	+
Pirus malus.	w	—	+				

Tabelle 14. *Leguminosae.*

	Farbe	C	F		Farbe	C	F
Anthyllis vulneraria.	g	+	+	Lupinus albus . . .	w	—	+
Caragana arborescens	g	+	+	L. luteus.	g	+	+
Cassia marylandica .	g	+	+	L. polyphyllus . . .	b	—	+
Colutea arborescens .	g	+	+	Medicago falcata . .	g	+	+
Coronilla varia . . .	wb	—	+	M. varia (= M. falcata × M. sativa) .	gb	+	+
Cytisus biflorus. . .	g	+	—				
C. austriacus . . .	g	+	+	Melilotus officinalis	g	+	+
C. purpureus. . . .	b	—	+	Neptunia plena . .	g	+	—
C. vulgare	g	+	+	Ononis spinosa . . .	b	—	+
C. adami	g—b	+	+	Robinia pseudacacia.	w	—	+
C. rochellii.	g	+	+	Sarothamnus scoparius	g	+	+
Erythrina crista-galli	r	—	—	Sophora japonica . .	w	—	+
Genista sagittalis . .	g	+	+	S. tetraptera	g	+	+
G. tinctoria	g	+	+	Spartium junceum .	g	+	—
Hippocrepis comosa .	g	+	+	Tetragonolobus siliquosus	g	+	+
Lathyrus aphaca . .	g	+	+				
L. pratensis	g	—	+	Thermopsis montana	g	+	+
Lotus corniculatus .	g	+	+				

Tabelle 15.

	Farbe	C	F
Helianthemum fumana	g	+	+
H. alpinum	g	+	+
H. canariensis	g	+	+
H. chamaecistus var. mutabile	g	+	+
H. sp.	g	+	+
Viola biflora	g	+	+
V. lutea var. calaminare	g	+	+
V. tricolor, gelb	g	+	+
V. tricolor, blau	b	—	+
V. tricolor, weiß	w	—	+
Turnera ulmifolia	g	+	+
Cajophora lateritia	g	+	+
Mentzelia lindleyi	g	+	+
Begonia hybrida, gelb	g	+	+
B. hybrida, rot	r	—	—

	Farbe	C	F
Hypericum aureum	g	+	+
H. aurantiacum	g	+	+
H. olympicum	g	+	+
H. perforatum	g	+	+
H. rumelicum	g	+	+
Daphne caucasicum	w	—	+
D. mezereum	r	—	—
Lythrum salicaria	r	—	—
Neesia	g	+	—
Quisqualis indica	w+r	—	+
Punica granatum	r	—	+
Jussieua repens	g	+	+
Oenothera biennis	g	+	—
Oe. fruticosa	g	+	+
Oe. missouriensis	g	+	+
Oe. rosea	r	—	+
Oe. speciosa var. rosea	r	—	+

Tabelle 16.

	Farbe	C	F
Abutilon striatum var. Thompsonii	g	+	+
Althaea officinalis	r	—	+
A. rosea, gelbe Var.	g	—	+
Gossypium herbaceum	g	—	+
Hibiscus esculentus	g	—	+
Malva silvestris	r	—	+
Tilia parviflora	g	—	+
Hermannia plicata	g	+	+
Linum capitatum	g	+	—
L. flavum	g	+	—
L. usitatissimum	b	—	+
Oxalis carnosa	r	+	+
Geranium platypetalum	b	—	+
G. sanguineum	r	—	+
Pelargonium zonale	r	—	+

	Farbe	C	F
Tropaeolum majus:			
gelb blühend	g	+	+
hellrot blühend	r	+	+
dunkelrot blühend	r	+	+
Galphinia brasiliensis	g	+	+
Dictamnus albus:			
rot blühend	r	—	+
weiß blühend	w	—	+
Ruta graveolens	vg	+	+
R. petoria	g	+	—
Polygala chamaebuxus	wg	+	+
Koelreuteria paniculata	g	+	+
Acer pseudoplatanus	v	+	+
Impatiens grandiflora	g	+	+
I. parviflora	g	+	+
Cissus quadrangularis	g	+	—
Cornus mas	g	+	+

Tabelle 17.

	Farbe	C	F
Amarantus caudatus	g	+	+
	orange	+	+
	grünweißlich	—	+
Celosia cristata	g	+	+
	orange	+	+
	grünweißlich	—	+
Mirabilis jalapa	g	—	+
Lithops olivacea	g	—	—
L. sp.	g	—	+
L. undamensis	g	—	—

Tabelle 17. (Fortsetzung.)

	Farbe	C	F
Mesembrianthemum sp.	g	—	—
Pleiopsis sp.	g	—	+
Cereus nycticalus	g	+	+
Cereus sp.	r	—	—
Mamillaria sp.	g	—	+
Opuntia sp.	g	—	+
O. ficus indica	g	—	+
Portulaca grandiflora	g	—	+
Dianthus caryophyllus	g	—	+
D. carthusianorum	r	—	—
Euphorbia cyparissias	gv	+	+
Corylopsis spicata	g	+	+
Hamamelis japonica	g	+	+

Herrn Emil Münz, Waiblingen, Großgärtnerei, danke ich für die Überlassung gelbblühender Edelnelken.

Tabelle 18. *Scrophulariaceae.*

	Farbe	C	F
Alectorolophus hirsutus	g	+	+
Antirrhinum majus	g, r, w	—	+
Calceolaria plantaginea	g	+	+
C. chelidonioides	g	—	+
Digitalis ambigua	g	+	—
D. lanata	braun	—	—
D. lutea	g	+	—
D. purpurea	g	—	—
Euphrasia lutea	g	+	+
Kickxia commutata	g	—	+
Linaria vulgaris	g	—	+
L. dalmatica	g	—	+
L. macedonica	g	—	+
Mimulus luteus	g	+	+
Pedicularis sceptrum carolinum	g	+	+
Verbascum thapsiforme	g	C-Glykos.	—
Orobanche epithymum	g-braun	±	—

Tabelle 19. *Solanaceae.*

	Farbe	C	F
Atropa belladonna	v, g	+	+
Cestrum aurantiacum	g	+	+
Datura arborea	r, g,	+	+
D. stramonium	w	+	+
Hyoscyamus niger	v, g	+	+
Mandragora officinarum	w	—	+
Nicotiana rustica	v, g	+	+
N. tabacum	r	—	+
Petunia hybrida	w	—	+
Scopolia carniolica	v, g	+	+
Solanum tuberosum	w	—	+

Tabelle 20. *Labiatae.*

	Farbe	C	F
Ajuga chamaepitys	g	+	+
Galeopsis speciosa	g	+	+
Hyssopus officinalis	r, b, w	—	+
Lamium album	w	—	+
L. galeobdolon	g	+	+
L. purpureum	r	—	+
Salvia glutinosa	g	+	+
S. pratensis	b, w	—	+
Scutellaria alpina	v	+	+

Tabelle 21. *Borraginaceae.*

	Farbe	C	F		Farbe	C	F
Arnebia cornuta . . .	g	+	+	*Onosma cassium* . . .	g	+	+
Cerinthe major . . .	g	+	+	*Nonnea lutea*	g	+	+
C. minor	g	+	+	*Symphytum officinalis*	g	+	+

Tabelle 22. *Compositen.*

	Farbe	C	F		Farbe	C	F
Achillea ptarmica .	w	—	+	*Helianthus annuus* .	g	+	+
Arnica montana . .	g	+	+	*H. filifolius*	g	+	+
Aster linosyris . . .	g	+	+	*H. tuberosus*	g	+	+
Calendula officinalis	g	+	+	*Helichrysum bractea-*			
Carthamus lanatus .	g	—	+	*tum*	g, r	—	+
C. tinctorius	g	—	+	*Heliopsis scabra* . .	g	+	—
Centaurea cyanus .	b	—	+	*Helipterum humboldti-*			
C. glastifolia	g	+	+	*anum*	g	+	+
C. involucrata . . .	g	+	+	*Hieracium auran-*			
C. macrocephala . .	g	+	+	*tiacum*	g	+	—
C. rupestris	g	+	+	*Inula royleana* . . .	g	+	—
C. ruthenica	g	—	+	*Lactuca muralis* . .	g	+	+
C. suaveolens	g	+	+	*Lindheimera texana* .	g	+	+
Chondrilla juncea . .	g	+	—	*Petasites albus* . . .	w	—	+
Chrysanthemum cari-				*P. officinalis*	r	—	+
natum	w, g, r	+	+	*Rhagadiolus stellatus*	g	+	+
				Rudbeckia laciniata .	g	+	+
Ch. leucanthemum . .	w	—	+	*Scorzonera humilis* .	g	+	+
Cnicus benedictus . .	g	+	+	*Senecio vernalis* . .	g	+	+
Coreopsis auriculata	g	+	—	*Silphium laciniatum*	g	+	+
C. tenuifolia	g	+	+	*Solidago virga-aurea*	g	+	+
Cosmos bipinnatus .	w	—	+	*Taraxacum officinalis*	g	+	—
Dahlia variabilis . .	g	—	+	*Tragopogon pratensis*	g	+	+
Doronicum cordatum	g	+	+	*Tussilago farfara* . .	g	+	+
Gaillardia pulchella .	g	+	—	*Zinnia elegans* . . .	g, r, b	+	+
Gazania rigens . . .	g	+	+				

Tabelle 24. *Liliaceae.*

	Farbe	C	F		Farbe	C	F
Allium flavum . . .	g	+	+	*Lilium bulbiferum* .	g	+	+
A. moly	g	+	+	*L. chalcedonicum* . .	g	+	+
Anthericum liliago .	w	—	+	*L. candidum*	w	—	+
Bulbine semibarbata.	g	+	—	*L. martagon*	r, w	—	+
Colchicum autumnale	b	—	—	*Tulipa gesneriana* .	w, r	—	+
Eremurus lindleyana	g	+	+	*T. silvestris*	g	+	+
Frittilaria lutea. . .	g	+	+	*Uvularia grandiflora*	g	+	+
Hemerocallis flava .	g	+	+	*Veratrum album* . .	gw	+	—
H. fulva	g	+	+	*Wachendorffia thyrsi-*			
H. hybrida ,,Apricot"	g	+	+	*flora*	g	+	—
Hyacinthus orientalis	g	+	+	*Yucca filamentosa* .	w	—	+
Kniphofia tuckii . .	g	+	—				

Tabelle 23.

	Farbe	C	F		Farbe	C	F
Statice bonduellii . .	g	—	+	*G. cruciata*	b	+	+
Cyclamen europaeum	b	—	—	*G. lutea*	g	+	+
Lysimachia ciliata .	g	+	+	*Limnanthemum*			
L. nummularia . . .	g	+	+	*geminatum*	g	+	+
L. vulgaris	g	+	+	*L. nymphaeoides* . .	g	+	+
Primula florindae . .	g	+	+	*Galium verum* . . .	g	+	+
P. luteola	g	+	+	*Forsythia intermedia*	g	+	+
P. officinalis	g	+	+	*Jasminum nudiflorum*	g	+	—
Monotropa hypopitys	w	—	—	*Syringa vulgaris* . .	w	—	+
Azalea lutea	g	+	+	*Diervillea lonicera* .	g	+	+
Rhododendron flavum	g	+	+	*D. splendens*	g	+	+
Cobaea scandens . .	b	—	+	*Lonicera maximowiczii*	g	+	—
Convolvulus sepium .	w	—	+	*L. trigophyllum* . . .	g	+	+
Ipomoea coerulea . .	b, r	—	+	*Bryonia alba*	gv	+	+
Phlox drummondii .	w	—	+	*Cucurbita pepo* . . .	g	+	+
Martynia proboscidea	g	+	+	*Gurania makayana* .	rot	+	+
Tecoma radicans . .	g	+	—	*Thladiantha dubia* .	g	+	+
Sanchezia nobilis . .	g	+	—	*Campanula* sp. . . .	w	—	+
Chlora perfoliata . .	g	+	+	*Cephalaria alpina* . .	g	—	+
Gentiana acaulis . .	b	—	—	*Scabiosa minor* . . .	g	—	+
G. asclepiadea . . .	b	—	—	*S. webberiana* . . .	g	—	+

Tabelle 25. *Amaryllidaceae.*

	Farbe	C	F		Farbe	C	F
Amaryllis belladonna .	r	+	+	*Narcissus borrii* . . .	w	—	+
Galanthus nivalis . . .	w	—	+	*N. poeticus*	w	—	+
Heteranthera gramini-				*N. pseudonarcissus* . .	g	+	+
folia	g	+	+	*Sprekelia formosissima*	r	—	+
Hypoxis villosa . . .	g	+	+				

Tabelle 26. *Iridaceae.*

	Farbe	C	F		Farbe	C	F
Crocus aureus (hybrid.)	g	—	+	*Iris pseudacorus* . . .	g	+	—
Freesia hybrida . . .	g	—	+	*Tritonia aurea*	g	?	+
Gladiolus hybridus . .	g	+	+	*Tigridia pavonia* . . .	g	+	+

Tabelle 27. *Weitere Monokotyledonae.*

	Farbe	C	F		Farbe	C	F
Dyckia	g	+	+	*Ornithidium sophro-*			
Cypripedium cal-				*nites* (Labellum) .	g	+	+
ceolus	g, v	+	+	*Pleione lagenaria*			
Dendrobium chry-				(Saftmale)	g	—	+
santhum (Labellum)	g	+	+	*Hedychium gard-*			
D. densiflorum . . .	g	+	+	*nerianum*	g	+	—
D. nobile	g	+	+	*Canna edulis*	g	+	+
D. thyrsiflorum . . .	g	+	+	*Richardia aethiopica*			
				(Spatha)	g	+	+

Was kann aus diesen Werten gefolgert werden? 1. Die meisten gelben Blumenblätter verdanken ihre Farbe plasmochromen Caro-tinoiden. Wenige rote Blumenblätter sind plasmochrom (s. S. 27). Flavonole wirken sich bei carotinoidhaltigen plasmochromen Blu-menblättern färberisch nicht oder nur wenig aus. 2. Offensichtlich gibt es 2 Typen von plasmochrom gelben Blumenblättern. Der eine enthält neben Carotinoiden Flavonole, der andere nur Caro-tinoide. Bei dem einen Typus geht der Metamorphose der Chloro-plasten zu Chromoplasten eine Bildung von Flavonolen einher, bei dem anderen unterbleibt diese. Bilden sich an Stelle von Flavonolen Anthocyane, so tritt das Färbungssystem von Carotinoiden + Anthocyanen optisch in Erscheinung: Sind die Anthocyane in vivo rot, so sind die Blumenblätter rotorange bis rot getönt (rot blühende *Tropaeolum majus*), sind die Anthocyane dagegen blau, so kommen braune und grünliche Farben zustande (z. B. bronzefarbige Tulpen, Bastarde von *Medicago sativa* × *M. falcata*, s. S. 61). 3. Viele (nicht alle!) rot, blau und violett gefärbten Blumenblätter führen neben Anthocyanen auch Flavonole, es kommen demnach beide Hydrierungsstufen (s. S. 38) nebeneinander vor. Bei *Rosa rugosa* ließen sich keine Flavonole nachweisen, dagegen bei *R. canina* (s. oben bei Karrer). 4. Bei chymochrom gelben Mesembryan-thaceen und *Cactus*-Arten scheinen besondere Pigmente vorzu-liegen, die einer eingehenderen Bearbeitung bedürfen. Auffallend ist es, daß solche Blumenblätter beim Verblühen rot werden, was man auch bei *Carthamus tinctorius* beobachten kann. 5. Es lassen sich durch Analogieschlüsse keine sicheren Aussagen über einen unbekannten Farbstoff in Blumenblättern machen, wenn die Pig-mente systematisch nahestehender Arten bekannt sind. Insbeson-dere ist die weitverbreitete Auffassung unzutreffend, daß hell-gelbe Blumenblätter „Anthochlor" ihre Farbe verdanken, wenn nahestehende Arten durch Anthocyan bedingt rot, blau oder violett blühen.

Diese These geht auf Prantl (1871) zurück: „Außer den genannten Pflanzen (*Primula acaulis, P. elatior, Acacia falcata* und *A. montana*, Verf.) beobachtete ich das Vorkommen des Antho-chlors noch bei *Linaria vulgaris* und *tristis, Digitalis lutea, Aconitum lycoctonum, Trifolium pannonicum, Lotus corniculatus, Centaurea pulcherrima, Cephalaria tartarica*, sämtlichen gelb blühenden Cirsien und *Crocus maesiacus* (Anmerkung hierzu: *Papaver alpinum*, wozu noch *nudicaule* kommt, enthält nicht Anthochlor, sondern einen hiervon verschiedenen Farbstoff, wieder einen anderen die gelbe Varietät von *Dahlia variabilis*). Es sind das meistens Blüten, deren Farbe als blaßgelb, pallidus, flavus, ochroleucus bezeichnet wird, und sämtliche Arten solcher Gattungen oder Gattungssectionen, deren übrige Arten Anthocyan besitzen und denen das Anthoxanthin fehlt." (Sperrung vom Verf.)

Die Gültigkeit dieses Satzes, der Einfachheit halber soll er der PRANTLsche Satz genannt werden, gehört zu der herrschenden Lehrmeinung. So vertritt ihn z. B. WALTER (1950) mit folgenden Worten (S. 46): „Flavone und Anthocyane sind chemisch sehr nahe verwandt. Es bedarf nur einer sehr geringen Änderung am Farbstoffmolekül (Reduktion), um aus gelben Flavonen rote bzw. blaue Anthocyane zu erhalten. Deshalb finden wir bei vielen Gattungen sowohl gelb blühende Arten mit Flavonen, als auch blau oder violett oder rosa blühende Arten mit Anthocyanen, z. B. gelben und blauen Eisenhut *(Aconitum)*, gelben und roten Fingerhut *(Digitalis)*, rosa und gelbe Primeln *(Primula)*, gelben und blauen, auch purpurnen Enzian *(Gentiana)* usw."

Abgesehen davon, daß einige der von PRANTL und WALTER gewählten Beispiele für die Farbgebung der Korolle durch Anthochlor unzutreffend sind, ist die Gültigkeit des PRANTLschen Satzes: Arten mit chymochrom gelben Blumenblättern gehören solchen Gattungen an, deren übrige Arten Anthocyane (und keine Carotinoide) besitzen, sehr begrenzt. In der Tabelle 28 sind die mir zugänglichen Fälle aufgeführt, es gibt aber ungleich mehr Fälle, die dem Satz widersprechen. Es gilt vielmehr die Regel: Innerhalb einer Gattung oder einander nahestehender Gattungen sind Arten mit plasmochromen (grünen und gelben, auch einigen roten) und solche mit chymochromen (roten, blauen, violetten oder weißen, auch einigen gelben) Blumenblättern vorhanden. Solche Paare (etwa 170) alternativer Färbung, die ich selbst prüfen konnte, sind in der Tabelle 29 angeführt. Vermutlich gibt es noch zahlreiche andere Fälle. Dieses so häufig auftretende Verhalten alternativer Färbung gibt uns freilich noch nicht das Recht, von einem Gesetz zu sprechen, wohl aber von einer Regel. Die diese bestätigenden Ausnahmen sind physiologisch so verständlich wie die Regel selbst. Innerhalb vieler Gattungen gibt es Arten, die in ihren Blumenblättern nur eine Umwandlung ihrer anfänglich vorhandenen Chloroplasten zu

Tabelle 28.

Chymochrom gelb	Chymochrom
Mirabilis jalapa	*M. jalapa*, rot und weiß
Gomphrena haageana	*G. globosa*, rot und weiß
Portulaca grandiflora	*P. grandiflora*, rot und weiß
Mesembryanthemum aurantiacum	*M. roseum*
Opuntia spinosissima	*O. subulata*
Dianthus Gartenhybriden	*D.*, Gartenhybriden rot und weiß
Papaver nudicaule	*P. rhoeas*, rot
Lathyrus pratensis	*L. vernus*, rot und blau
Althaea rosea	*A. rosea*, rot und weiß
Hibiscus rosa sinensis	*H. rosa sinensis*, rot
Statice bonduellii	*S. bonduellii*, weiß
Linaria vulgaris	*L. cymbalaria*, violett
Antirrhinum majus	*A. majus*, rot, weiß, lila
Scabiosa ochroleuca	*Sc. columbaria*, lila
Verbascum thapsus	*V. wiedemannianum*, blau
Dahlia variabilis	*D. variabilis*, rot und weiß
Colchicum luteum	*C. autumnale*, lila
Crocus aureus	*C. vernus*, lila und weiß
Freesia hybrida	*F. hybrida*, rot und weiß
Tritonia aurea	*T. crocata* var. *purpurea*

Chromoplasten vornehmen (plasmochrome Färbung) und solche, bei denen ein völliger Schwund der Plastiden erfolgt, dem eine Farbstoffbildung im Zellsaft einhergeht (chymochrome Färbung durch Anthocyane samt Pseudobasen, Flavonole und Glykosidierung von Carotinoiden). Kurzum, innerhalb vieler Gattungen gibt es Arten bzw. Varietäten mit plasmochromer und solche mit chymochromer Farbe, wobei in einzelnen Fällen beide Farbsysteme in einem und demselben Blumenblatt auftreten können. Mutatis mutandis gilt dasselbe für bestimmte Früchte (s. S. 74). Können die plasmochromen (gelben oder roten) Blumenblätter, die ihre Farbe Carotinoiden verdanken, gegenüber den chymochromen mit Anthocyanen bzw. Flavonolen, physiologisch beurteilt, als weniger zurückgebildet gelten, ist es schwer zu entscheiden, ob chymochrome Perianthe mit glykosidierten Carotinoiden gegenüber chymochromen Blumenblättern mit Flavonolen bzw. Anthocyanen als weniger reduziert aufzufassen sind.

Tabelle 29.

Plasmochrom gelb oder grün	Chymochrom
Grevillea robusta	*G. linearis* var. *alba*
Protea longiflora (P. ochroleuca)	*P. speciosa*
Euphorbia helioscopia	*E. splendens*
Hamamelis japonica	*Loropetalum sinensis (=Hamamelis chinensis)*

Tabelle 29. (Fortsetzung.)

Plasmochrom gelb oder grün	Chymochrom
Pittosporum viridiflorum	*P. undulatum*
Liriodendron tulipifera	*Magnolia pumila (= Liriodendron liliifera)*
Aristolochia clematitis	*A. galeata*
Chimonanthus (= Calycanthus) praecox	*Calycanthus floridus*
Nuphar luteum (= Nymphaea lut.)	*N. alba*
Aconitum lycoctonum	*A. napellus*
Anemone ranunculoides	*A. nemorosa*
Aquilegia chrysantha, A. viridiflora	*A. vulgaris*
Clematis orientalis	*C. viticella*
Delphinium sulfureum	*D. consolida*
Eranthis (= Helleborus) hiemalis	*H. niger*
Paeonia mlokosewitschi, P. lutea	*P. officinalis, P. wittmanniana*
Ranunculus acer	*R. aconitifolius*
Epimedium pinnatum, var. *colchic.*	*E. macranthum* (weiß-rosa)
Argemone mexicana	*A. hispida*
Eschscholtzia californica	*E. californica* var. *alba*
Meconopsis (= Papaver) cambrica	*Papaver rhoeas*
Corydalis lutea	*C. cava*
Reseda lutea	*R. alba*
Brassica napus	*B. oleracea*
Draba aizoides	*D. muralis*
Lepidium perfoliatum	*L. ruderale*
Matthiola incana, gelbbl.	*M. incana*, violett
Roripa (= Nasturtium) silvestris	*R. officinalis*
Echeveria retusa	*E. pulchella*
Kalanchoë thyrsiflora	*K. teretifolia*
Sedum maximum	*S. purpureum, S. album*
Saxifraga hirculus	*S. granulata*
Ribes aureum	*R. sanguineum*
Geum montanum	*G. album*
Kerria japonica	*Rhodotypus kerrioides*
Potentilla anserina	*P. alba*
Rosa lutea	*R. canina*
Anthyllis vulneraria	*A. vulneraria* var. *coccinea*
Astragalus exscapus	*A. onobrychis*
Coronilla coronata	*C. varia*
Cytisus laburnum	*C. purpureus*
Genista germanica	*G. monosperma*
Lathyrus aphaca	*L. vernus*
Lotus corniculatus	*L. siliquosus*
Lupinus luteus	*L. angustifolius*
Medicago falcata	*M. sativa*
Melilotus officinalis	*M. albus*
Ononis natrix	*O. spinosa*
Trifolium strepens	*T. repens*
Begonia hybrida, gelbbl. („Helene Harms“)	*B. hybrida*, weiß („Petite Simone“)
Helianthemum nummularium	*H. apenninum*
Loasa lateritia	*L. leucantha*
Mentzelia lindleyi	*M. decapetala*, weiß
Oxalis corniculata	*O. acetosella*
Linum flavum, L. capitatum	*L. usitatissimum*
Erodium chrysanthum	*E. cicutarium*

Tabelle 29. (Fortsetzung.)

Plasmochrom gelb oder grün	Chymochrom
Tropaeolum majus	*T. azureum*
Polygala chamaebuxus	*P. comosum*
Acer platanoides	*A. rubrum*
Aesculus lutea	*Ae. hippocastanum*
Impatiens noli tangere	*I. sultani*
Hypericum perforatum	*H. virginicum,* rosablühend
Viola versicolor (= lutea)	*V. odorata*
Daphne laureola	*D. mezereum*
Callistemon viridiflorus	*C. coccineus*
Oenothera biennis	*Oe. speciosa,* weißblühend
Abutilon hybridum, gelbblühend	*A. vitifolium,* weißblühend
Hermannia althaeifolia (= H.aurea)	*H. purpurea*
Cornus mas	*C. sanguinea*
Bupleurum rotundifolium	*Selinum carvifolia*
* (= Selinum perfoliatum)*	
Chaerophyllum temulum lusus	*Ch. temulum*
* chrysanthum*	
Foeniculum vulgare (= Meum	*Meum athamanticum*
* vulgare)*	
Hacquetia epipactis (= Astrantia	*Astrantia major*
* epipactis)*	
Pastinaca sativa (= Heracleum	*Heracleum sphondylium*
* polyphyllum)*	
Peucedanum officinale	*P. ostruthium*
Pirola chlorantha	*P. rotundifolium*
Erica viridiflora	*E. carnea* var. *alba*
Rhododendron luteum	*Rh. candidum*
Primula officinalis	*P. farinosa*
Lysimachia vulgaris	*L. violascens*
Forsythia (= Syringa) suspensa	*Syringa vulgaris*
Jasminum nudiflorum	*J. sambac*
Blackstonia (= Gentiana = Clora)	*Centaurium umbellatum*
* perfoliata*	* (=Gentiana centaurium)*
Gentiana lutea	*G. verna*
Nymphoides peltata (= Menyanthes	*M. trifoliata*
* nymphoides)*	
Asclepias curassavica	*A. curassavica flore albo*
Ceropegia sandersonii, grünblühend	*C. woodii*
Allamanda cathartica	*A. violacea*
Gilia micrantha (= G. lutea)	*G. densiflora*
Myosotis versicolor	*M. palustris*
Nonnea (= Anchusa) lutea	*A. officinalis*
Onosma tartarica	*O. bourgaei,* weißblühend
Symphytum bulbosum	*S. officinalis*
Justicia calycotricha	*J. coccinea*
Ajuga chamaepitys	*A. reptans*
Lamium galeobdolon	*L. album*
Phlomis aurea	*Ph. tuberosa*
Salvia glutinosa	*S. pratensis*
Stachys rectus	*St. officinalis*
Teucrium scorodonia	*T. chamaedrys*
Jacobinia chrysostephana	*J. coccinea*
Columnea schiedeana	*C. magnifica*
Clerodendron myrmecophila	*Cl. hastatum*
Cestrum aurantiacum	*C. roseum*

Tabelle 29. (Fortsetzung).

Plasmochrom gelb oder grün	Chymochrom
Datura aurea	*D. stramonium*
Nicotiana rustica	*N. tabacum*
Schizanthus retusus	*Sch. candidus*
Scopolia carniolica	*S. physaloides*
Solandra viridiflora	*S. longiflora*
Solanum lycopersicum	*S. tuberosum*
Calceolaria rugosa	*C. purpurea*
Digitalis lutea	*D. purpurea*
Euphrasia lutea	*Eu. pratensis*
Melampyrum silvaticum	*M. cristatum*
Mimulus luteus	*M. cardinalis*
Pedicularis sceptrum carolinum	*P. palustris*
Orobanche epithymum	*O. amethystea*
Incarvillea lutea	*I. variabilis*, weißblühend
Martynia lutea	*M. proboscidea*
Tecoma (Bignonia) radicans	*Catalpa bignonioides (= Bignonia catalpa)*
Pinguicula lutea	*P. vulgaris*
Utricularia vulgaris	*U. caerulea*
Thunbergia mysoriensis	*Th. coccinea*
Galium verum	*G. uliginosum*
Ixora coccinea var. *lutea*	*I. stricta*
Rondoletia odorata	*R. cordata*
Diervillea rivularis	*D. florida*
Lonicera flava	*L. caprifolia*
Lobelia laxiflora (= lutea)	*L. ramosa*
Siphocampylus microstoma var. *viridis*	*S. longiflora*
Aster linosyris	*A. amellus*
Centaurea macrocephala	*C. cyanus*
Chondrilla juncea	*Ch. purpurea*
Chrysanthemum segetum	*Chr. leucanthemum*
Cineraria sagittatus (Emilia flammea)	*Emilia purpurea*
Coreopsis grandiflora	*C. rosea*, weißblühend
Dimorphotheca aurantiaca	*D. pluvialis* var. *ringens*
Gazania rigens	*G. bracteata (nivea)*
Gerbera Jamesonii, gelbblühend	*G. Jamesonii*, rot-weiß
Kleinia fulgens	*K. kleinoides*, violettblühend
Lactuca muralis	*L. perennis*
Mutisia decurrens	*M. sinuata*
Scorzonera hispanica	*S. purpurea*
Senecio aurantiacus	*S. pulcher*, violettblühend
Silphium laciniatum	*S. albiflorum*
Tragopogon pratensis	*T. porrifolius*
Zinnia elegans, gelbblühend	*Z. elegans*, violettblühend
Allium flavum	*A. sphaerocephalum*
Aloe vera	*A. speciosa*
Asphodelus luteus	*A. albus*
Fritillaria lutea	*F. imperialis*
Gagea (Ornithogalum) lutea	*Ornithogalum umbellatum*
Hemerocallis aurantiaca	*Hosta (=Hemerocallis) sieboldiana*
Hyacinthus orientalis, gelbblühend	*H. orientalis*, weißblühend
Lachenalia tricolor (var. *aurea*)	*L. orchioides*
Lilium calcedonicum, rotblühend	*L. candidum*

Tabelle 29. (Fortsetzung.)

Plasmochrom gelb oder grün	Chymochrom
Uvularia grandiflora	*Streptopus roseus (Uvularia rosea)*
Tulipa silvestris	*T. gesneriana*, rot, weiß u. a.
Narcissus pseudonarcissus	*N. poeticus*
Gladiolus gandavensis, gelbblühend ("Schwaben")	*G. gandavensis*, weißblühend
Iris pseudacorus	*I. germanica*
Ixia viridiflora, grün-gelbblühend	*I. columellaris*, blau-weißblühend
Sisyrinchium striatum	*S. bermudianum* var. *album*
Bilbergia viridiflora	*B. pyramidalis*
Pitcairnea densiflora (= P. auran-tiaca)	*P. albiflora*
Tillandsia usneoides	*T. lindeniana*
Canna flaccida	*C. indica*, rot-rosablühend
Curcuma zedoaria	*C. albiflora*
Hedychium flavum	*H. maximum*, weißblühend
Listera (= Ophrys) ovata	*Spiranthes (= Ophrys) spiralis*
Anthurium scherzerianum var. *flavescens*	*A. scherzerianum* var. *aurorae*, weißblühend
Zantedeschia macrocarpa	*Z. albimaculata*

VII. Farbwechsel im engeren Sinn bei Blumenblättern.

Der Farbe aller Blumenblätter geht, physiologisch gesehen, ein Farbwechsel voraus, da fast ausnahmslos in einem frühen Stadium ihrer Entwicklung eine grüne Phase mit Chloroplasten auftritt. Die bunten Farben einschließlich der Weißfärbung sind ein Folgestadium. HARDER (1938), der mit seinen Schülern physiologisch-genetische Fragen der Farb- und Musteränderung bei Blüten bearbeitete, gibt dem Problem folgende Formulierung:

"Es ist eine bekannte Tatsache, daß sich bei einer Reihe von Pflanzen im Laufe der Blütenentwicklung eine Änderung in der Blütenfarbe vollzieht. So sind die Knospen und jungen Blüten des Lungenkrauts, *Pulmonaria officinalis*, rosa gefärbt, werden aber später blau. Ähnlich ist es beim Vergißmeinnicht und anderen Verwandten des Lungenkrauts (Familie *Borraginaceen*). Diese Umfärbung kommt dadurch zustande, daß im Zellsaft Anthozyan gelöst ist, ein Farbstoff, der je nach der Reaktion seines Lösungsmittels rot oder blau ist. In den jungen Blüten ist der Zellsaft sauer, später wird er alkalisch, und damit ändert sich dann zwangsläufig auch die Blütenfarbe. Es handelt sich also um einen Vorgang, an dem der Farbstoff nur sekundär beteiligt ist; eine Änderung im Farbstoffgehalt, in der Farbstoffverteilung oder gar in der Farbstoffart findet dabei nicht statt. Anders bei gewissen Stiefmütterchen. Bei der Sorte Föhn z. B. sind die Blüten — abgesehen von den das "Gesicht" bildenden 3 Farbflecken im Zentrum — nach dem Aufblühen zunächst ungefärbt (bei genauer Betrachtung erweisen sie sich als schwach rahmgelb) und werden dann im Laufe von 1—2 Tagen lebhaft blau. Bei *Victoria regia*, der mächtigsten der tropischen Seerosen, und nach KUIJPER (1931) auch bei *Hibiscus mutabilis*, einem prächtigen tropischen Zierstrauch, öffnen sich die Blüten ebenfalls in reinstem Weiß und werden im Laufe eines Tages farbig, aber nicht blau, sondern rot. Bei diesem Umschlag von Weiß zu Rot oder Blau, für den sich noch manche weitere Beispiele erbringen ließen, findet nun eine wirkliche Änderung im Farbstoffgehalt statt; anfangs ist überhaupt noch kein Farbstoff vorhanden, erst später tritt das Anthozyan — und zwar je nach der Reaktion des Zellsaftes mit roter oder blauer Farbe — im Gange der natürlichen Entwicklung auf. So auffällig und fremdartig uns diese Umfärbung einer voll erblühten Blume anmutet, so stellt sie doch nichts prinzipiell Besonderes dar, sondern es dürften nur diejenigen Prozesse, die sich in den meisten Pflanzen schon im frühen Knospenstadium vollziehen, hier auf eine spätere Entwicklungsphase verschoben sein. Denn wohl keine farbige Blüte ist von ihrem frühesten Jugendstadium an bereits gefärbt, sondern in der Knospe sind zunächst alle Blüten farblos und bilden erst von einem bestimmten Größenstadium an, das bei der einen Art früher, bei der anderen später liegt, ihr Anthozyan aus. Da das meist schon im Innern der noch geschlossenen Knospen geschieht, ist dieses Farbigwerden allerdings für unser Auge unsichtbar und erscheint uns daher sehr überraschend, wo es auf die bereits entfalteten Blüten hinausgezögert ist. An sich gehört die Umfärbung aber zum natürlichen Entwicklungsgang aller durch Anthozyan gefärbten Blüten."

Die Darstellung ist in dem einen Punkt nicht richtig, daß alle Blüten in der Knospe farblos seien. (Andere Probleme seien hier nicht aufgerollt.) Die Primordien der Blumenblätter zeigen zwar keine Pigmente, aber schon in frühen Stadien der Blattentwicklung bilden sich Chloroplasten, die allerdings bei vielen Chymochromen rasch abgebaut werden. Die Knospen der meisten Blüten weisen grüne Blumenblätter auf, auch diejenigen der Gartenpetunie. Mit dem Farbwechsel dieser Pflanze haben sich nämlich STÖRMER und v. WITSCH (1938) beschäftigt. „Da die grüngelben Farbstoffe der Petunienblüten, die nicht Flavonolcharakter tragen, in den jungen Blütenknospen besonders angereichert sind und hier verhältnismäßig kräftige Grünfärbung bewirken, wurden in erster Linie Extrakte aus jungen Knospen zur Untersuchung auf Chlorophyll, Xanthophyll und Carotin herangezogen." Chromatographische Pigmentanalysen der Korollen junger Blütenknospen ergaben, daß „die grünlichen Farbstoffe der Petunienknospen den Blattfarbstoffen sehr ähnlich sind" (Zitat zusammengezogen, Verf.). STÖRMER und v. WITSCH lassen jedoch dieses Ergebnis bei der vergleichenden Betrachtung der Knospen verschiedener Altersstufen außer acht. Sehe ich recht, so führen diese Forscher die grüne Farbe der 0,25—1,5 mm langen Knospen auf Flavonole zurück. (Andere Forscher beurteilen die grüne Farbe anderer Arten ebenso!) Hier wird aber ohne Zweifel die Farbe durch Chlorophyll bedingt, wie die „gelbe" Farbe größerer Knospen (1,5—20 mm) von Carotinoiden herrührt. Der erst bei 20 mm und längeren Knospen einsetzenden Anthocyanbildung geht eine Flavonolbildung voraus, sie bedingt aber weder die Grün- noch die Gelbfärbung der Blumenblätter. Was Störmer und v. Witsch für *Petunia* beschreiben, gilt auch für unzählige andere Fälle. Harder müssen wir beipflichten, wenn er darauf hinweist, daß das „Farbigwerden" (d. h. Anthocyanbildung) der Blumenblätter sich im allgemeinen unserem Auge entzieht. Es überrascht daher, wenn es auf bereits entfaltete Blüten „hinausgezögert" ist (s. Zitat von Harder, S. 56). Wenn wir im folgenden noch auf einige Beispiele auffallenden Farbwechsels bei Blumenblättern eingehen, so ist dies für die Behandlung unserer Fragestellung notwendig, weil diese Sonderfälle mit dem allgemeinen zeitlichen Farbwechsel der Blumenblätter übereinstimmen.

Einen auffallenden Farbwechsel der Blumenblätter vor und während des Blühens zeigt das Wandelröschen, *Lantana hybrida* und *L. camara*. Hegi (Illustrierte Flora von Mitteleuropa V, 3, S. 2235) schreibt: „Kronblätter während der Blütezeit die Farbe wechselnd, beim Aufblühen meist weiß oder gelb, beim Abblühen feuerrot, orange, lila, rosenrot usw." Suessenguth (1936, dort weitere Literatur), der sich auch mit dem Farbwechsel dieser Pflanze befaßt, schildert die Verhältnisse folgendermaßen:

„Die erschlossenen Blüten sind am ersten Tag gelb; in diesem Stadium werden sie von Insekten beflogen. Am zweiten Tag sind sie orange, am dritten rot oder purpurn gefleckt. Hier handelt es sich also um eine allmähliche Entstehung von Anthozyan in saurer Lösung, vgl. *Opuntia*, wobei von vornherein noch ein gelber Farbstoff (ein Pro-Anthozyan oder Flavonderivat?) vorhanden ist. Das Auftreten eines purpurroten Farbtones am Schluß läßt die Annahme zu, daß die Zellsaftreaktion sich dem Neutralpunkt nähert (*Lantana camara* L. mit *L. hybrida hortensia*: Blüten z. B. anfangs gelb oder weißlich, später orange oder lila, rosenrot, violett; *L. tiliifolia* Cham.: Blüte zuerst orange, später mennigrot). Während diese Arten von *Lantana* sich zweifellos dem *Hibiscus*-Typ anschließen, weichen andere davon ab: ihre Blüten sind zuerst weiß, werden dann aber violett, wobei die Mitte sich außerdem gelb färbt. Dieser Farbwechsel soll sich in einem Zeitraum von 30 Std. nach der Bestäubung vollziehen. Dadurch, daß die verschiedenfarbigen, also verschieden alten Blüten am selben Blütenstand zusammenstehen, ist die Erscheinung besonders auffällig."

Vogel (1950) befaßt sich in einer beachtlichen Arbeit über den Farbwechsel der Blüten auch mit dem Wandelröschen und beschreibt

verschiedene Abläufe der Verfärbung, wobei er deren Mannigfaltigkeit auf „drei Grundkomplexe" zurückführt: 1. Variation des Ter-
mins der Anthocyanbildung, 2. Variation der Zellsaftacidität und
3. Vorhandensein, Fehlen und Verbleichen der Chromoplasten.

Im Sommer und Herbst 1953 hatte ich selbst Gelegenheit, im
Botanischen Garten Marimurtra in Blanes-Spanien (Fundación
Carlos Faust) verschiedene Varietäten von *L. hybrida* und anderen
Arten zu beobachten, nachdem ich über ein Jahrzehnt an kulti-
vierten Pflanzen im Botanischen Garten Heidelberg Untersuchungen
anstellte. Es gibt Varietäten (eine genaue Angabe der Art läßt sich
kaum machen, da außer der Hybridisierung wahrscheinlich auch
Umweltfaktoren mit im Spiele sind), die goldgelb aufblühen und
diese Farbe bis zum Verblühen beibehalten. Bei dieser Varietät
sind Chromatophoren leicht zu erkennen und die Phasenprobe zeigt
zudem plasmochrome Carotinoide an. Auch bei denjenigen Varietäten, die im Knospenzustand gelb sind und auch so aufblühen,
hernach aber lila werden, liegen Carotinoide vor, die erst bei der
Verfärbung von gelb zu lila verschwinden. Wir haben hier dieselben Verhältnisse wie bei *Cheiranthus kewensis* (s. S. 60). Die
Farbtöne rosenrot, lila und violett rühren von Anthocyanen her,
die auch in Leukoform auftreten können; ich beobachtete Varietäten, die plasmochrom gelb aufblühten und mit zunehmendem
Alter weiße Korollen bekamen. Diese Verfärbung darf nicht mit
der schon von anderen Forschern gemachten Beobachtung (HEGI,
SUESSENGUTH) verwechselt werden, daß junge Blüten anfänglich
gelb oder weißlich sind und später sich röten. Diese Varietäten
weisen vor dem Erblühen wenig Carotinoide auf. Im übrigen sehen
oft (nicht nur bei *Lantana*) chlorophyllhaltige Blütenknospen weißlich aus, weil die Reflexion der unteren Epidermis die der in inneren
Geweben liegenden grünen oder gelben Plastiden überstrahlt.

So mannigfaltig der Farbwechsel der Korollen von *Lantana*-
Varietäten ist, liegt ihm aber nichts anderes zugrunde, als das, was
wir auch bei anderen Blumenblättern beobachten: Alle von mir
geprüften Varietäten sind im Knospenzustand grün, das Sichtbar-
werden der gelben Carotinoide manifestiert die erste plasmochrome
Verfärbungsstufe, der zweiten chymochromen ist die Ausbildung von
Anthocyanen eigen. Treten feuerrote bzw. mennigrote Farbtöne auf,
so wird diese durch Carotinoide plus Anthocyane bedingt. Offen
lassen muß ich die Fragen, in welchem Maße sich in älteren Korollen Flavonole an der Farbgebung beteiligen und ob chymochrome

Carotinoide (im Sinne von Crocin-Crocetin) im Spätstadium auftreten. Die von Vogel vorgenommene Gliederung der Mannigfaltigkeit des Farbwechsels bei *Lantana* ist richtig und bedarf nur noch folgender Ergänzung: Die Verfärbung von grün-gelben plasmochromen zum rot-violetten-weißen Stadium ist Ausdruck des physiologischen Abbaus der Blumenblätter, was sich aus dem abnehmenden Gehalt an Stickstoff und Phosphor mit zunehmendem Alter ergibt (Bühler 1944; Seybold und Bühler 1950).

In manchen Botanischen Gärten ist mir ein Goldlack (*Cheiranthus*) unter verschiedenem Namen begegnet, dessen Korollen eine Verfärbung von gelb nach lila oder rot zeigen. Da an einem und demselben Exemplar gleichzeitig ältere lila oder rötliche und jüngere gelbe Blüten vorhanden sind, nennt man sie zuweilen Papagei-Goldlack; der Name *Cheiranthus chamaeleon*, den Suessenguth (1936) angibt, betont wohl mehr den zeitlichen Wechsel der Verfärbung. Ob *Cheiranthus kewensis* des Heidelberger Botanischen Gartens mit *Ch. semperflorens (= Ch. mutabilis)*, von Suessenguth in seiner Liste der Blüten mit Farbwechsel angeführt, identisch ist, vermag ich nicht zu entscheiden. Bei *Ch. kewensis* besitzen die jungen Blumenblätter Chloroplasten, nach der Entfaltung sind Chromoplasten zu erkennen und erst nach einigen Tagen degenerieren diese mehr und mehr, indessen chymochrome rötliche oder bläuliche Pigmente (wahrscheinlich Anthocyane) auftreten. Das mikroskopische Bild zeigt zuweilen, daß auch im chymochromen Endstadium einzelne Zellbezirke noch Plastiden enthalten, der Abbau dieser demnach nicht in allen Zellen gleichzeitig einsetzt. Die Verfärbung der Korolle von *Ch. kewensis* ist ein Musterbeispiel des stufenweisen physiologischen Abbaues der Blumenblätter; der Farbwechsel von plasmochrom gelb zu chymochrom rot-blau kann hierfür als Indicator gelten. Bühler (1944) erbrachte den Beweis, daß die Blumenblätter von *Ch. kewensis* im plasmochromen Zustand reicher an Stickstoff sind als in späteren chymochromen. Für den Gehalt an Phosphor gilt dasselbe (Seybold und Bühler 1950). Vgl. S. 88.

Die „gelben Tulpen" (z. B. *Tulipa silvestris*) sind allesamt plasmochrom, die roten (auch weißen und lilaen) chymochrom. Bei den sog. Papageitulpen, die als monströse, formkonstante Rassen von *T. gesneriana* angesehen werden (var. *turcica*), bilden sich unregelmäßig gestaltete Perigonblätter aus, die am Rande eingeschlitzt, gefranst erscheinen. Ein und dasselbe Perigonblatt kann rote, gelbe, ja auch grüne Areale haben (es gibt auch einheitlich gefärbte Papageitulpen). In den grünen Teilen sind Chloroplasten, in den gelben Chromoplasten vorhanden, teils auch noch in den roten. Daß die Perigonblätter in der Knospenlage einheitlich grün sind, soll nicht unerwähnt bleiben: die stufenweise Differenzierung in plasmochrome und chymochrome Areale erfolgt bei der Entfaltung oder kurz vorher.

Daß eine partielle Differenzierung der Blumenblätter in einen plasmochromen und chymochromen Teil auch noch bei vielen anderen Arten eintritt, ist häufig, wenn auch nicht so augenfällig wie bei den Papageitulpen und *Chrysanthemum carinatum* (s. S. 5 ff.). So sind z. B. die basalen Teile (Schlundring) der chymochromen Korolle von *Myosotis*-Arten plasmochrom gelb. Der Farbwechsel der Korolle von *Myosotis versicolor* (= *M. lutea*), auf den auch SUESSENGUTH (1936) hinweist, dürfte darauf beruhen, daß die Blumenblätter verhältnismäßig lange, bis zum Aufblühen, gelbe, carotinoidhaltige Chromoplasten führen und erst mit dem Schwund die Bläuung durch Anthocyane einsetzt. In den weißen Perigonblättern von *Leucojum vernum* bleiben „chloroplastenhaltige Inseln" zurück; sie „verpassen" offenbar den Anschluß an die sonst einsetzende Reduktion der Plastiden!

Die blau- oder violettblühende Luzerne *(Medicago sativa)* ist chymochrom, der gelbblühende Sichelklee *(M. falcata)* plasmochrom wenigstens in den jungen Korollen, da Chromatophoren nachweisbar sind. Der zuweilen (im Rheintal-Baden und Elsaß häufig) an Weg- und Ackerrändern auftretende Bastard beider Arten *(M. sativa* × *M. falc.)* weist eine eigentümliche Farbänderung auf. HEGI (Illustrierte Flora von Mitteleuropa IV, 3, S. 1264) macht folgende Angaben: „Farbe der Krone schwankend zwischen schwachgelb, schwärzlichgrün, rotviolett und selbst weiß, oft zwischen den einzelnen Blüten derselben Pflanze, ja derselben Traube verschieden und sich oft während der Anthese verändernd (meist erst violett und dann gelb, seltener umgekehrt)." SUESSENGUTH (1936), der sich auch mit dieser Pflanze beschäftigt, hält den Farbwechsel von violett nach gelb für einen Beobachtungsfehler. Es mag sein, daß die Verfärbung in der Regel violett-grün-gelb (s. SUESSENGUTH) verläuft, dann und wann fand ich allerdings Exemplare bei denen sich gelbe Blüten mit zunehmendem Alter violett färbten. Vermutlich ist die „Legierung" des plasmochromen und chymochromen Farbsystems im Bastard ungleich, ganz abgesehen davon, daß

Umweltfaktoren (klimatische und edaphische) sich geltend machen
werden. Die tief in der Genetik verankerten Fragen sollen hier
nicht erörtert werden. Rein koloristisch gesehen, ergibt die Farb-
mischung gelb (Carotinoide) und blau (Anthocyane) grün, was all-
bekannt ist. Es hat aber auch die Deutung der grünen Phase im
Sinne von Suessenguth Berechtigung, daß bei einem gewissen p_H
des Zellsaftes Anthocyane grün erscheinen können (mindestens gilt
das in vitro). Suessenguth macht selbst darauf aufmerksam, daß
noch ein gelber Farbstoff hinzutritt. Da in den grünen Blumenblättern des mittleren Stadiums der Verfärbung noch Chromoplasten vorhanden sind, ist der Farbwechsel von gelb über grün
zu blau so zu deuten: Gelbe Chromoplasten werden abgebaut und
blaue Anthocyane treten auf, bis diese schließlich allein vorhanden
und farbgebend sind (auch im Fall des Weißwerdens, s. oben).
Nicht ausgeschlossen ist es, daß sich in einem späteren Stadium
chymochrome Carotinoide und Flavonole bilden, die sodann neben
dem Anthocyan bestehen. Flavonole scheinen sich aber färberisch
nicht auszuwirken.

Im Botanischen Garten in Heidelberg wird seit vielen Jahren
eine Varietät des Wundklees *(Anthyllis vulneraria)* gehalten, die
eine eigenartige Farbtönung hat. Neben typisch gelben, plasmochrom blühenden Exemplaren gibt es rote verschiedener Tönung,
auch weiße. Wahrscheinlich liegt eine Spaltung eines Heterozygoten
vor. Unter Hinweis auf Hegi (Illustrierte Flora von Mitteleuropa
IV, 3) scheint die Systematik der Varietäten von *Anthyllis vul.* sehr
unklar zu sein. Wie auch immer die Abgrenzung der verschiedenen
Formen, Rassen erfolgen mag, für unser Problem ist die Tatsache
interessant, daß es neben plasmochrom gelben Varietäten (z. B.
var. *vulgaris*) chymochrom rote und weiße (z. B. var. *coccinea*) und
offensichtlich viele Übergänge bzw. Zwischenstufen der Farbe gibt.
Auch zeitliche Verfärbung der Blumenblätter scheint vorzuliegen.

Wenn man will, so mag man eine Unterscheidung zwischen
zeitlicher und räumlicher Farbverschiedenheit bei Blumenblättern treffen, obwohl diese Abgrenzung nicht scharf sein kann,
da der räumlichen stets eine zeitliche vorausgeht: das „primäre
Chloroplastenstadium". Die räumliche Farbverschiedenheit ist bei
vielen Arten so augenfällig, daß der Systematiker demnach Art-
namen wie „bicolor" und „tricolor" gewählt hat. Es sei nur an
Manettia bicolor, Iris bicolor, Gaillardia bicolor, Viola tricolor und
Erica tricolor erinnert. Bei den bekannten Blüten von *Strelitzia*

regina kommt die „Zweifarbigkeit der Blume" im Namen nicht zum Ausdruck, auch nicht bei *Mirabilis jalapa*. Bei dieser Pflanze gibt es neben „unifarbigen" roten, weißen, rosa und gelben Blumen auch solche, die sektorial oder gesprenkelt rot-weiß, gelb-weiß und rot-gelb sind (s. CORRENS 1904). Man muß SUESSENGUTH (1938) beistimmen, wenn er den Gattungsnamen „Mirabilis" mit der auffälligen Farbverschiedenheit einer und derselben Blume in Zusammenhang bringt. Der manchmal verwendete deutsche Name „Schweizerhose" für *Mirabilis* spielt auf die Schlitztracht mittelalterlicher Landsknechte oder auf die päpstliche Garde an.

Die buntgemusterten Korollen z. B. von *Digitalis purpurea*, *Calceolaria hybrida*, *Chrysanthemum carinatum* und andere Arten brauchen kaum noch erwähnt zu werden. Das in der Einleitung gewählte Beispiel, das das Problem im ganzen erfaßt, zeigt, daß die Farbverschiedenheit Ausdruck eines differenzierten physiologischen Abbaus in den Blumenblättern darstellt. Selbstverständlich ist ein „Muster" auf Blumenblättern Ausdruck eines Bauplanes, einer autonomen Organisation. Es sei hier auf TROLL (1927) und VOGEL (1949) verwiesen. HARDER (1938) führt mit Recht die Farbänderung und Mustergebung auf genetische Grundlagen zurück; ohne diese Vorstellung kommen wir heute nicht mehr aus.

VIII. Farbwechsel bei Früchten und Samen.

Der Farbwechsel der Früchte erfolgt in der gleichen Weise wie der der Blumenblätter. Während die jungen Fruchtblätter Chloroplasten enthalten, die bei der „Fruchtreife" mehr oder weniger abgebaut werden, sind unreife Früchte durch grüne Farbe gekennzeichnet. Die Verfärbung von grün zu gelb, orange, rot oder blau sind in der Regel ein sicheres Anzeichen der „Fruchtreife", der eine Reihe physiologischer Veränderung zugrunde liegen. Wenn die optische Beurteilung der Früchte durch den Menschen auch in manchen Fällen nicht den Erwartungen seines Geschmackes entspricht, so gilt doch für die meisten Kulturpflanzen, die der Früchte wegen angebaut werden, die Regel: unreife Früchte sind grün, reife Früchte verfärbt. Diese altbekannte Tatsache konnte erst durch cytologische Befunde und die biochemische Erforschung der Farbstoffe zu einem physiologischen Problem werden.

Chromatographische Analysen grüner Karpelle ergaben ausnahmslos, daß die beiden Chlorophyllkomponenten a und b in normalem Verhältnis vorhanden sind und beim Abbau der Chloroplasten gleich stark zerstört werden. Die Laubblätter zeigen bei der herbstlichen Verfärbung dasselbe (s. Seybold 1943). In „reifen, nicht mehr grünen" Früchten kann man übrigens auch mehr oder weniger große Mengen von Chlorophyll feststellen (Abb. 12).

Die Annahme, daß in den grünen Früchten von *Trichosanthes*-Arten (Cucurbitaceae) Protochlorophyll vorhanden ist (Seybold 1939) hat sich nicht bewahrheitet. In den mir zur Verfügung stehenden Früchten, die frisch geerntet werden konnten, ließ sich in keinem Entwicklungsstadium Protochlorophyll nachweisen[1], auch beim Trocknen trat dieses nicht auf (Seybold 1948).

So zahlreich und erfolgreich die biochemischen Arbeiten über die in Früchten auftretenden Farbstoffe sind, die Erforschung ihrer Biogenese ist kaum begonnen, ihre Mannigfaltigkeit noch nicht systematisch behandelt worden. Ehe umfassende, vergleichend-physiologische Betrachtungen angestellt werden können — das wird in absehbarer Zeit noch nicht möglich sein — sind noch viele Teilfragen zu klären. Im folgenden werden zunächst einige Ergebnisse chromatographischer Analysen mitgeteilt.

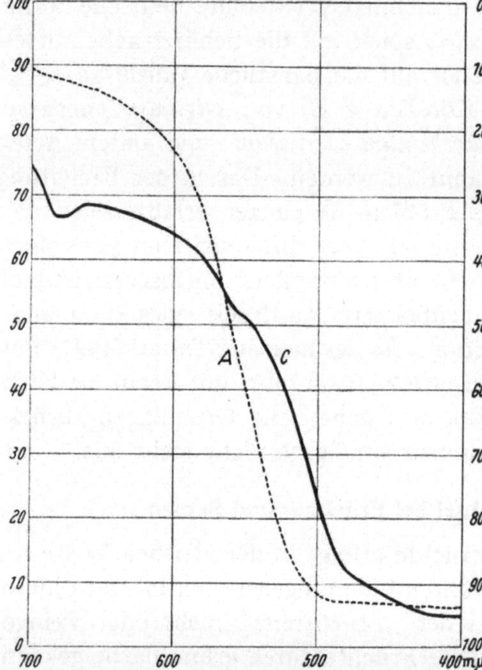

Abb. 12. Reflexionskurven der Apfelsinen- (*A*) und der Citronenschale (*C*). Ordinate: prozentuale Reflexion.

Wie viele Blumenblätter erreichen die Früchte vieler Arten das chymochrome Stadium, die Plastiden der jungen Karpelle werden also mit der Zeit gänzlich abgebaut (z. B. Johannisbeere) . Bei verholzten Früchten, etwa der Haselnuß bleiben bei der Reife nur Membranochrome übrig (Seybold 1943). Mit den Stadien der

---

[1] Die Angabe von Egle (Naturwiss. 1953, S. 569), daß mir der Nachweis von Protochlorophyll in *Trichosanthes*-Früchten gelungen sei, ist unrichtig.

chymochromen Verfärbung wollen wir uns nachher befassen und uns jetzt auf eine spezielle Frage beschränken, nämlich wie die Erscheinung zu deuten ist, daß beispielshalber bei Tomaten, die alle plasmochrom gefärbt sind, Varietäten auftreten, deren Früchte im Reifezustand gelb bleiben und nicht rot werden.

Dieses Verhalten ist nicht nur auf die Tomatenbeeren beschränkt, sondern ist auch bei anderen Arten anzutreffen. So gibt es gelbfrüchtigen Paprika, Rosen mit gelben Hagebutten und Eibensamen mit gelbem Arillus. In diesen Fällen handelt es sich um Varietäten im eigentlichen Sinne. Dieselben Verhältnisse ungleicher Färbung liegen bei verschiedenen Arten einzelner Gattungen vor. Während die reife Beere von *Physalis alkekengi* rot ist, wird die Beere von *Physalis edulis* bei der Reife gelb. Ähnlich verhält sich der die Beere umgebende Kelch. Bei diesem Beispiel handelt es sich auch um plasmochrome Früchte; bei den chymochromen liegen indessen optisch ähnliche Verhältnisse vor, während es sich in biochemischer Hinsicht um eine gänzlich andere Erscheinung handelt. Bekannte Beispiele sind die gelbfrüchtigen Himbeeren und Johannisbeeren sowie die gelbfrüchtigen Kirschen. Hier beschäftigen uns nur plasmochrome Früchte und legen uns jetzt die Frage vor, welche Pigmente in den gelben Früchten auftreten bzw. welche Farbstoffe fehlen.

Die rote Farbe der reifen Tomatenbeere wird durch Lycopin bedingt (s. ZECHMEISTER 1934). Außer Lycopin sind noch andere Carotinoide in geringerer Menge, z. B. Xanthophyll (Lutein) und Carotin, vorhanden. WALKER (1935) hat die gelben Früchte der Varietät „Golden Queen" auf die Pigmente hin untersucht und gefunden, daß kein Lycopin vorhanden war. Wenn wir auch keine quantitative Angabe machen können, ob die gelben Carotinoide, Carotin und Xanthophyll, in den gelben Tomaten reichlicher ausgebildet werden, als in den roten, so steht doch unzweifelhaft fest, daß die Ausbildung des färberischen „Kardinal- oder Haupt-Carotinoids" Lycopin, das das charakteristische Tomatenrot bedingt, bei den gelben Tomatenbeeren unterbleibt, eine Rötung bei der Fruchtreife also nicht auftritt. Die gelben Carotinoide, die bei Anwesenheit des Lycopins optisch nicht in Erscheinung treten, sollen als „Begleit-Carotinoide" bezeichnet werden. Bei den gelbfrüchtigen Hagebutten liegen dieselben Verhältnisse vor. Das die rote Farbe bedingende Lycopin fehlt bei Varietäten folgender Arten:

Rosa lagenaria, R. alpina und *R. rubella*[1]. Mangels ausreichenden Analysenmaterials ließ sich nicht ermitteln, in welcher Menge die gelben Pigmente vorliegen. In Übereinstimmung mit Kuhn und Grundmann (1932) ergaben die Chromatogramme Carotin und Xantohphyll sowie einige andere gelbe Pigmente, unter denen vermutlich Zeaxanthin war. Die „Früchte" von *Rosa microphylla* verfärben sich bei der Reife in ein schmutziges Gelbgrün und fallen in diesem Zustand ab (Beobachtung im Botanischen Garten Heidelberg). Neben verschiedenen gelben Carotinoiden, Lycopin fehlt, bleibt Chlorophyll übrig. Offensichtlich ist in den Hagebutten von *Rosa microphylla* der Abbau der Plastiden gehemmt; vielleicht fehlen Abbaufermente oder sind diese inaktiviert.

In den Chromatogrammen von Extrakten gelber Paprikafrüchte fand sich keine Spur von „Paprikarot", das bekanntlich durch Capsanthin und Capsorubin hervorgerufen wird. Diese beiden roten Komponenten fehlen den gelben Paprikafrüchten; chromatographisch nachweisbar waren nur Carotin, Xanthophyll und einige andere, nicht näher identifizierbare gelbe Carotinoide.

Von *Taxus baccata* existiert eine Varietät, in der Literatur *forma lutea baccata Pilger* genannt, die anstatt des roten Rhodoxanthin-Arillus (Kuhn und Brockmann 1933) einen citronengelben besitzt. Einige im Heidelberger Botanischen Garten wachsende Exemplare dieser „gelbbeerigen" Eibe lieferten ausreichendes Analysenmaterial. Im Chromatogramm trat nur eine Spur von Rhodoxanthin auf; der gelbe Farbstoff setzte sich in der Hauptsache aus Carotin und Zeaxanthin zusammen. Diese beiden gelben Carotinoide treten auch bei dem roten Arillus der gewöhnlichen Eibe auf, allerdings in geringerer Menge als in dem gelben.

Daß das Rhodoxanthin ein Sekundärcarotinoid (s. S. 22) ist, geht daraus hervor, daß der anfänglich grüne Arillus des jungen Samens vor der Rötung eine Phase durchläuft, in der er weißlich aussieht (Chlorophyllschwund!).

Bei den bisher erwähnten Fällen der Gelbfrüchtigkeit handelt es sich um Varietäten bzw. Kulturrassen von Stammformen. Im folgenden vergleichen wir die roten Beeren von *Physalis alkekengi* mit denen von *Ph. edulis* und *Ph. aequata*, also die Früchte verschiedener Arten einer Gattung. Das rote Physalien (Dipalmitinsäureester des Zeaxanthins) kann nur nach Verseifung als Zea-

---

[1] Das Rosarium Sangerhausen hatte die Freundlichkeit, mir diese Hagebutten zu übersenden.

xanthin an Zucker aus benzinischer Lösung adsorbiert werden. Gießt man das Extrakt roter Beerenhäute auf eine Zuckersäule, so zeigt diese mehrere braungelbe und hellgelbe Farbringe; das Filtrat ist stark braunrot gefärbt und enthält das Physalien. Durch Verseifung erhält man daraus Zeaxanthin, das bei einer zweiten Chromatographie mit braungelber Farbe sich an Zucker adsorbieren läßt. Im Chromatogramm der gelben Beerenhautextrakte von *Physalis edulis* traten zwei blaßgelbe Farbringe auf, während im Filtrat eine kleine Menge Physalien enthalten ist, die aber nicht ausreicht, um den Beeren eine rote Farbe zu verleihen. In den grünlichgelben Beeren von *Physalis aequata* findet sich dagegen kein Physalien. Neben geringen Mengen von Chlorophyll a und b, Carotin und Xanthophyll sind einige nicht genauer identifizierte Carotinoide vorhanden.

Schließlich sei noch auf die *Citrus*-Früchte hingewiesen. Für die Frucht von *Citrus limonum* ist „citronengelb" so charakteristisch wie „orange" für die Früchte verschiedener Varietäten von *Citrus aurantium* und *C. nobilis*. Nach HEGI (Flora von Mitteleuropa, Bd. 5, 1. Teil, S. 61) gibt es aber auch Apfelsinensorten, die im reifen Zustand gelb oder grün sind, also offensichtlich hier die Kardinal-Carotinoide Carotin und Lycopin, die für die typische Farbe der Orangenschale maßgebend sind, nicht oder nur wenig ausgebildet werden. In der Schale der Citrone sind hauptsächlich gelbe, oxydierte Carotinoide vorhanden, Flavonole sind nicht farbgebend beteiligt.

Da verschiedenfarbige Apfelsinenfrüchte nicht zu beschaffen waren, ließen sich keine vergleichenden Analysen durchführen. Übrigens werden die gelben oder grünen Apfelsinensorten selten angepflanzt, was nicht wunder zu nehmen braucht, da jedermann geneigt ist, reife gelbe oder grüne Orangen (!) als unreif anzusehen. Dasselbe gilt für gelbfrüchtige „Tomaten und Paprikaschoten".

In Abb. 12 sind die Reflexionskurven der Schalen käuflicher Apfelsinen und Citronen wiedergegeben (HARDY-Aufnahmen), da diese besonders deutlich zeigen, daß der „subjektive" Farbeindruck für die Beurteilung der Reflexion unzuverlässig ist. Wie den Kurven zu entnehmen ist, weisen beide Früchte im Bereich 700—400 mμ etwa gleichstarke Gesamtreflexion auf. Die Citronenschale erscheint dem menschlichen Auge nur deshalb heller, weil die maximale Empfindlichkeit der Retina im grünen Spektralbereich liegt und

hier die Citronenschale tatsächlich stärkere Reflexion als die Apfel-
sinenschale hat. Nicht unerwähnt sei, daß die Reflexionskurve der
Citronenschale die Anwesenheit von geringen Mengen von Chlorophyll anzeigt (Absorptionsbande bei 680 $m\mu$). Die in Citrusfrüchten
vorhandenen Flavonole (Quercitrin u. a.) wirken sich färberisch
nicht aus.

Ehe wir uns gefärbten Samenschalen zuwenden, seien noch
einige Analysenergebnisse von roten Beeren und Arilli mitgeteilt.

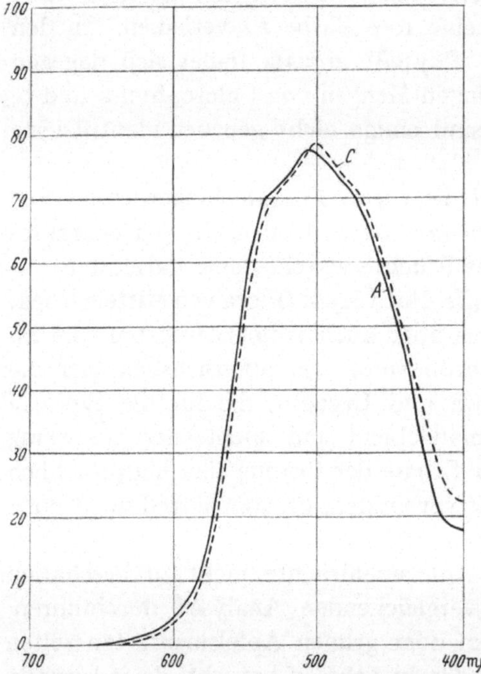

Abb. 13. Absorptionskurven von Capsanthin aus
Früchten von *Asparagus officinalis* (*A*) und *Capsicum annuum* (*C*). Ordinate: prozentuale Absorption. Lösungsmittel CS$_2$.

Die Beeren des Spar-
gels *(Asparagus officinalis)* enthalten nach WIN-
TERSTEIN und EHREN-
BERG (1932) Physalien,
das aus benzinischer Lö-
sung an Zucker nicht
adsorbiert wird. Der
Farbstoff der *Asparagus*-
Beeren haftet dagegen
zum größten Teil an
Zucker: es treten mehrere
rote Ringe auf, zwischen
denen einige hellgelbe
Zonen (vermutlich Xan-
thophylle) liegen. Im
Filtrat bleiben nur ge-
ringe Mengen gelber Pig-
mente zurück, bei denen
es sich wohl um Carotin
und um Physalien han-
delt. Der letztere Farb-
stoff kann also die roten
Ringe in der Zuckersäule

nicht bedingen. Auch die Möglichkeit, daß Zeaxanthin, also die
fettsäurefreie Komponente des Physaliens, vorliegt, scheidet aus,
da Zeaxanthin an Zucker mit dunkelgelber und nicht mit roter
Farbe adsorbiert wird. Eine Vergleichsadsorption der Pigmente
von Maiskörnern liefert hierfür den Beweis.

Die Absorptionskurve des roten, adsorbierten *Asparagus*-Pig-
ments stimmt mit der von Capsanthin gut überein (Abb. 13). Die
Banden der HARDY-Kurve liegen für den erstgenannten Farbstoff

bei 543, 506 und 476 $m\mu$, während sich im Gitterspektroskop die Maxima bei 543, 504 und 476 $m\mu$ ablesen ließen (in CS_2). Capsanthin zeigt in Schwefelkohlenstofflösung Absorptionsmaxima bei 543 und 503 $m\mu$.

In den Monographien der Carotinoide finden sich Angaben über die Farbstoffe der Beeren von *Asparagus*, die wir nicht übergehen dürfen. ZECHMEISTER (1934) erwähnt Physalien, KARRER und JUCKER (1948) Zeaxanthin und GOODWIN (1952) Kryptoxanthin. Die beiden zuerst genannten Pigmente weisen in CS_2 Bandenmaxima bei 519 (517), 483 (482) und 452 (450) $m\mu$ auf, die von Kryptoxanthin liegen bei 519, 483 und 452 $m\mu$. Es ist durchaus wahrscheinlich, daß bald dieser, bald jener Farbstoff, je nach den inneren und äußeren bei der Fruchtreife waltenden Faktoren überwiegt, abgesehen davon, daß sich auch die einzelnen Spargelrassen hinsichtlich der Pigmentausbildung verschieden verhalten könnten. In unserem Analysenmaterial tritt eindeutig Capsanthin auf, das wir auch maßgebend für das Rot der Beeren ansehen. Damit sei nicht gesagt, daß das rote Capsanthin quantitativ über anwesende gelbe Carotinoide prävaliert.

Bei der chromatographischen Analyse der Pigmente aus den Beeren von *Asparagus tenuifolius* ließen sich an der Zuckersäule ähnliche Farbringe feststellen wie im vorgenannten Fall: Capsanthin dürfte auch hier die rote Farbe der Beeren bedingen.

Die in 2 Abschnitte gegliederte, einem Hutpilz ähnliche Frucht des Turbankürbisses *(Cucurbita pepo f. turbaniformis)* ist in ihrem apikalen Teil gelbgrün, im basalen ziegelrot. Die rote Farbe wird durch Chromoplasten der subepidermalen Schichten bedingt. Bei der Chromatographie (an Zucker) des roten Extraktes ergab sich eine obere goldgelbe und eine untere himbeerrote Zone, während der größte Teil der Pigmente sich im Filtrat befand. Nach der Verseifung des Filtrats erfolgte eine zweite Chromatographie. Auch jetzt bildeten sich wieder ein goldgelber und ein himbeerroter Farbring; außerdem entstanden einige schmale hellgelbe Zonen, bei denen es sich um Xanthophylle handeln dürfte. Die optischen Untersuchungen der gelben und roten Zone ergaben folgende Werte: Nach der HARDY-Kurve weist der rote Farbstoff in CS_2 Maxima bei 502 und 412 $m\mu$ auf (Abb. 14, Kurve C). Eine Übereinstimmung mit Absorptionskurven anderer roter Polyenpigmente ließ sich nicht feststellen, so daß vermutlich hier ein noch nicht bekanntes Carotinoid vorliegt.

Auch von den goldgelben, adsorbierten Pigmenten der zweiten Chromatographie wurden mit der Hardy-Apparatur Kurven aufgenommen (Abb. 14, *L*). Die Bandenmaxima liegen bei 507, 475 und 445 mµ (in CS_2), während sich im Gitterspektroskop die entsprenchend Banden mit den Schwerpunkten 507, 474 und 443 mµ feststellen ließen. Auf Grund dieser optischen Daten kann man sagen, daß es sich um Lutein handelt, dessen optische Schwerpunkte in CS_2 bei 508, 475 und 445 mµ (Zechmeister 1934) liegen.

In den reifen gelben Früchten von *Momordica balsamina* befinden sich Samen, die von einer auffallenden roten Hülle, die nach G. u. F. Tobler (1910) dem Endokarp angehören, umgeben sind. Die Gewebe dieser Hülle sind bei unreifen Früchten farblos bis blaßgelb und zeigen erst bei der Reife der Frucht das bekannte leuchtende Rot. G. u. F. Tobler haben die Früchte in anatomischer und chemischer Hinsicht bereits untersucht; nach ihnen soll es sich bei dem Endokarp-

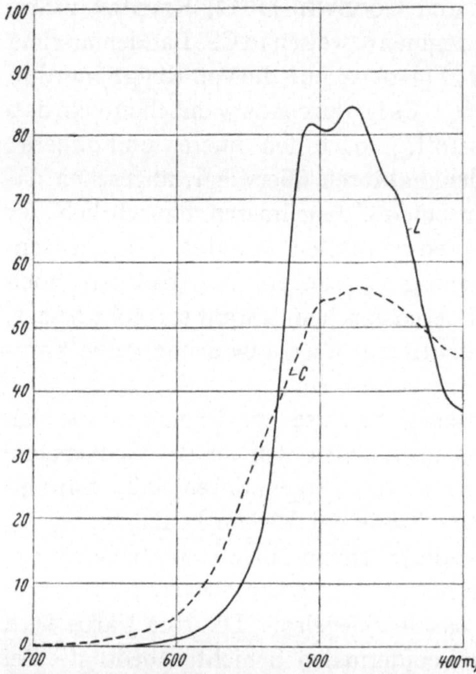

Abb. 14. Absorptionskurven des roten Pigmentes aus Früchten von *Cucurbita pepo f. turbaniformis* (C) und von Lutein (*L*). Lösungsmittel CS_2.

Pigment um Lycopin handeln. Als Träger des roten Farbstoffs haben die Autoren Prismen, häufiger aber noch unregelmäßige, abgebrochen erscheinende Stücke beobachtet.

Wenn man frisches oder auch getrocknetes Endokarp-Material mit Schwefelkohlenstoff, Pyridin, Aceton oder Benzin extrahiert, so stellt man fest, daß hierbei das rote Carotinoid leicht in CS_2 und Pyridin, weniger leicht dagegen in Aceton und schlecht in Benzin übergeht. Seltsamerweise gilt dies auch für Methanol. Dieses Verhalten dürfte sich so erklären, daß das Pigment in den Zellen an einen Körper adsorbiert ist, der den Farbstoff an Methanol nicht ohne weiteres abgibt. Verarbeitet man die roten Gewebe mit Quarzsand, so haftet das Pigment an diesem ebenfalls sehr fest, was sonst bei der Aufarbeitung von pflanzlichem Material nicht zu beobachten ist.

Adsorbiert man die Farbstoffe des Endokarps aus benzinischer Lösung an Zucker, so bleiben in der Säule nur zwei hellgelbe Farbringe, vermutlich Xanthophylle, zurück. Das Filtrat ist orangebraun. Nach der Verseifung mit Kalilauge wurde erneut adsorbiert. Es bilden sich in der Zuckersäule keine Farbringe aus; die ganze Pigmentmenge befindet sich wieder im Filtrat. Veresterte Carotinoide liegen also im Endokarp nicht vor. Bringt man das rotbraun gefärbte Filtrat auf eine CaCO$_3$-Säule, so entsteht nur eine blaßgelbe Zone, und die Hauptmenge wird wiederum nicht festgehalten. Erst an Al$_2$O$_3$ ließ sich das rote Carotinoid mit orangeroter Farbe adsorbieren. Die HARDY-Kurve ergab Bandenmaxima (in CS$_2$) bei 544, 506 und 476 mµ; auch im Gitterspektroskop waren kräftige Banden mit

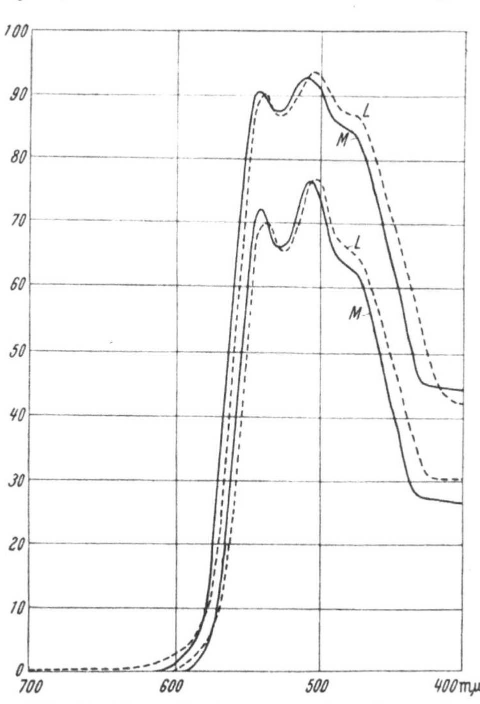

Abb. 15. Absorptionskurven von Lycopin aus dem Endokarp von *Momordica balsamina* (*M*) und aus Früchten von *Solanum lycopersicum* (*L*) in verschiedener Konzentration. Lösungsmittel CS$_2$.

den Schwerpunkten 545, 506 und 473 mµ zu erkennen. Die optischen Daten dieses roten Carotinoids stimmen mit den über Lycopin vorliegenden gut überein; die Absorptionskurven beider Pigmente sind in Abb. 15 wiedergegeben. Gleich ist auch die Adsorptionsaffinität gegenüber Zucker, CaCO$_3$ und Al$_2$O$_3$. Der Farbstoff aus dem *Momordica*-Endokarp dürfte demnach Lycopin sein, was G. u. F. TOBLER bereits vermuteten.

Die hochroten Arilli von *Celastrus flagellaris* enthalten spindelförmige, orangerote Chromoplasten, die bereits von FRITSCH (1882) beobachtet wurden. Adsorbiert man die Farbstoffe an Zucker, so entstehen in der Säule ein gelbbrauner, ein gelber und ein himbeerroter Farbring. Alle drei Zonen sind schmal, da sich der größte Teil der gelösten Carotinoide im Filtrat befindet. Diese Carotinoide sind also an Zucker nicht adsorbiert worden. Der Farbe nach geurteilt, könnte die gelbbraune Zone Zeaxanthin darstellen. In den Arilli nahe verwandter *Evonymus*-Arten hat man übrigens dieses Carotinoid festgestellt. Die gelbe Zone rührt vermutlich von Xanthophyll her. Das Pigment der roten Zone konnte seiner geringen Menge wegen nicht untersucht werden.

Die im Filtrat befindlichen Farbstoffe wurden mit Kalilauge verseift und nach der Überführung in Benzin erneut chromatographiert. In dem zweiten Chromatogramm trat neben einem hellgelben und einem gelbbraunen Ring eine breite himbeerrote Zone auf. Das Filtrat ist gelbbraun und vermutlich carotinhaltig. Es liegen in den Arilli von *Celastrus* somit Pigmente in veresterter und freier Form vor. Der gelbbraune Farbstoff der zweiten Adsorption lieferte die Absorptionskurve Z der Abb. 16 (in CS_2). Die Bandenmaxima liegen bei 515, 484 und 450 mμ; im Gitterspektroskop konnten folgende optische Schwerpunkte abgelesen werden: 517, 482 und 450 mμ. Wurde schon aus der Adsorptionsaffinität und der Farbe an Zucker auf Zeaxanthin geschlossen, so kann durch die optische Analyse hierfür ein Beweis erbracht werden; Zeaxanthin besitzt nämlich in CS_2 Bandenmaxima bei 519, 483 und 450 mμ (s. Zechmeister 1934) bzw. 517, 482 und 450 *mμ* (s. Karrer und Jucker 1948).

Das Spektrum des roten, nach der Verseifung adsorbierten Farbstoffs ergab in CS_2 Bandenmaxima — nach der Hardy-Kurve — bei 558, 520 und 485 mμ, während im Gitterspektroskop die Schwerpunkte bei 560, 521 und 486 mμ gefunden wurden. Die Absorptionskurve des vorliegenden Farbstoffs gleicht der von Rhodoxanthin (Abb. 16). Eine Identität beider Pigmente kommt aber trotzdem nicht in Frage, da das Carotinoid von *Celastrus* verestert im Gewebe vorliegt und erst nach der Verseifung an Zucker adsorbierbar ist; Rhodoxanthin ist ein Keton, das keine Ester zu bilden vermag.

Mehrere Jahre nach unserer 1941 durchgeführten Analyse stieß ich auf eine Arbeit von Le Rosen und Zechmeister (1942), die die Angabe über ein Carotinoid aus „roten Beeren" von *Celastrus scandens* enthält. Dieser Polyenfarbstoff, Celaxanthin ($C_{40}H_{56}O$) weist in CS_2 folgende Absorptionsmaxima auf: 562, 521, 487 und

455 mμ. Spektroskopisch stimmt der von uns chromatographisch ermittelte Farbstoff mit Celaxanthin gut überein, abgesehen davon, daß die IV. Bande fehlt. Die Angaben, die KARRER und JUCKER (1948) machen, mögen dahin ergänzt sein, daß der rote Arillusfarbstoff unseres Analysenmaterials in vivo verestert vorlag. Die Ähnlichkeit der Absorptionskurven von Celaxanthin und Rhodoxanthin hängt offensichtlich mit der Zahl der Doppelbindungen zusammen: Rhodoxanthin hat 12 (+ 2 Carbonylgruppen, die sich farbverstärkend auswirken), Celaxanthin 13.

LOESENER (1942), der in ENGLERS „Natürlichen Pflanzenfamilien" die *Celastraceen* darstellt, macht folgende interessante Angabe: „Der Same wird von einem meist mehr oder weniger lebhaft rot, seltener weiß gefärbten Samenmantel (Arillus) von ziemlich weicher Konsistenz sackartig umschlossen.....". „Die gelbe oder rote Färbung des Arillus wird, wie PFEIFFER angibt, hervorgerufen durch einen kristallinischen Farbstoff, der an kleinste, in den Zellen befindliche, raphidenähnliche, spindelförmige Stäbchen gebunden ist und der chemisch

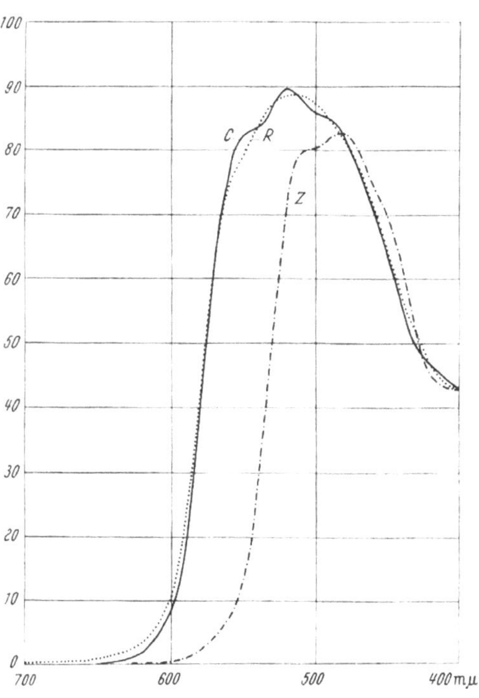

Abb. 16. Absorptionskurven von *Celaxanthin* (C) und Zeaxanthin (Z) aus den Arilli von *Celastrus flagellaris*. Absorptionskurve *R* von Rhodoxanthin der Arilli von *Taxus baccata*. Lösungsmittel CS₂.

dem Carotin zum mindesten sehr nahe steht." Demnach bilden also gewisse *Celastraceen* in ihrem Arillus nur gelbes (z. B. unser heimisches Pfaffenhütchen) Zeaxanthin aus, während bei den Arten, denen ein weißer Arillus eigen ist, keine Carotinoide vorhanden sind (vgl. Eibenarillus S. 66).

BISCHOFF (s. S. 3) weist mit Recht darauf hin, daß bei gewissen Fruchthüllen (wenigstens solange diese saftführend sind) die nämlichen Farbenreihen wie bei den Laub- und Blumenblättern anzutreffen sind; es gibt also innerhalb engerer Verwandtschaftskreise plasmochrome und chymochrome Früchte.

Hier sei nur auf einige Fälle hingewiesen. Während die Beerenhaut von *Solanum lycopersicum* Carotinoide ausbildet, kommt bei *S. melongena* in der Epidermis Anthocyan vor. Laut Literaturangaben enthalten die Beeren von *Solanum dulcamara* ebenfalls Lycopin, während wir in denen von *S. nigrum* Anthocyan finden. Wie bei gewissen Blumenblättern gibt es übrigens Fälle, in denen plasmo- und chymochrome Färbung gekoppelt auftreten. So kultivieren wir im Botanischen Garten in Heidelberg seit Jahren von *Capsicum annuum* eine Sorte „Kaleidoskop", die außer den bekannten, an Plastiden gebundenen Carotinoiden in der Fruchtknotenwand auch chymochromes Anthocyan in wechselnder, scheckiger Verteilung ausbildet, was zu dieser bezeichnenden Sortenbenennung geführt hat. Bei sog. Blutapfelsinen ist zuweilen auch die carotinoideführende Fruchtschale durch Anthocyane gerötet.

Das alternative Verhalten: hie plasmochrom — hie chymochrom, ist auch bei vielen Früchten verwandter Arten nicht strikt durchgeführt, abgesehen davon, daß in vielen plasmochromen Früchten Flavonole nachweisbar sind, die optisch nicht in Erscheinung treten. Ehe wir auf die in Tabelle 30 mitgeteilten Befunde eingehen, sei kurz darauf hingewiesen, daß es bei der verschiedenen histologischen Differenzierung der Früchte nicht überraschend ist, wenn z. B. die „Epidermis"plasmochrome, das „Fruchtfleisch" jedoch chymochrome Färbung hat. Das gilt etwa für Äpfel. Trotzdem bezeichnen wir solche als plasmochrom gefärbt, wenn die „Schale" Carotinoidpigmente führt (Gelber Edelapfel) und chymochrom, wenn ihre Farbe durch Anthocyane u. dergl. bedingt ist (Berner Rosenapfel). Gewisse Sorten (Goldparmäne) vereinigen beide Farbtypen in sich. Wie bei den Blüten von *Lotus corniculatus* oftmals nur die „Sonnenseite" der Blüte Anthocyan führt (s. S. 26), kann man dieses auch bei Früchten, vor allem bei Äpfeln, beobachten.

In Tabelle 30 sind die Befunde, die mit Früchten verschiedener Arten erhalten wurden, zusammengestellt. Die Prüfung erfolgte auf Carotinoide, Flavonole und Anthocyane. Bei manchen plasmochromen Früchten erwies sich die Flavonolprobe positiv, wobei jedoch zu beachten ist, daß chymochrome Pigmente in diesen Fällen an der Farbgebung nicht beteiligt sind. Auffallend ist es, daß in den Hautgeweben gewisser Früchte neben Carotinoiden

Flavonole auftreten, indessen deren innere Gewebe letztere nicht enthalten *(Capsicum, Convallaria, Cotoneaster, Crataegus, Malus, Physalis*-Kelch, *Rosa, Sorbus)*. Dieses Verhalten darf man vielleicht so deuten, daß nur in den Hautgeweben die Dehydrierung von Catechinen bzw. Leukoanthocyanen bis zur Flavonolstufe vorangeschritten ist, diese aber in den inneren Geweben nicht erreicht wurde. Im Rahmen einer besonderen Untersuchung über die Pigmentphysiologie der Früchte wird diese Arbeitshypothese auf ihre Brauchbarkeit geprüft.

Tabelle 30.

				C	F	A
Acer platanoides	Fruchtflügel		grün	Chl u. +	+	—
A. tartaricum	Fruchtflügel		rotbraun	Chl u. +	—	+
Atropa belladonna schwarzbeerig		H	blauschwarz	—	—	+
A. belladonna gelbbeerig		H	gelb	—	+	—
Berberis vulgaris	Beeren		rot	+	+	+
Bryonia alba	Beeren		blauschwarz	+	+	+
Capsicum annuum		H	rot	+	+	—
		I	rot	+	—	—
C. annuum, Sorte „Kaleidoskop"	rot-, gelb- und blaugescheckte Früchte	H	rote Teile	+	+	+
		H	gelbe Teile	+	+	+
		H	blaue Teile	+	+	+
Celastrus flagellaris Arillus			orangerot	+	+	—
Convallaria majalis		H	rot	+	+	—
		I	rötlichgelb	+	—	·
Cornus mas		H	rot	+	—	+
		I	gelb	—	—	+ ?
Cotoneaster sp.		H	rot	+	+	+
		I	gelblich	+	—	—
Crataegus monogyna		H	rot	+	+	—
		I	gelb	+	—	—
Cucurbita pepo Turbankürbis	Fruchthaut		rot	+	+	—
Evonymus europaeus	Arillus		rot	+	—	—
Hippophaë rhamnoides	Beeren		rot	+	+	—
Malus baccata		H	rot	+	+	+
		I	gelblich	—	—	?
Physalis alkekengi	unreif Kelch		grün	Chl u. +	—	
	Beere	H	grün	Chl u. +	—	
		I	grün	Chl u. +	—	
	reif Kelch		rot	+	+	—
		H	rot	+	+	—
		I	rot	+	—	—
Polygonatum officinalis		H	blauschwarz	—	—	+
		I	grünlich	Chl u. +	—	—
Prunus domestica		H	blau	Chl u. +	—	+
		I	gelblich	—	+	—

Tabelle 30. (Fortsetzung.)

				C	F	A
Rosa rugosa		H	rot	+	+	—
(Hagebutte)		I	gelb	+·	—	—
Sambucus nigra	unreife Beeren		grün	Chl u. +	+	—
Solanum lycopersicum		H	grün	Chl u. +	—	—
		H	gelb	Chl u. +	—	—
		H	rot	+	+	—
Solanum melongena	blaufrüchtig	H	blauviolett	—	—	+
		I	weiß	—	—	··
S. melongena	weißfrüchtig	H	weiß	—	—	··
		I	weiß	—	—	··
Sorbus aria	unreife Früchte	H	grün	Chl u. +	+	—
Sorbus aucuparia	reife Früchte	H	rot	+	+	—
		I	gelb	+	—	—
Symphoricarpus		H	weiß	—	+·	—
racemosus		I	weiß	—	—	—
Taxus baccata	Arillus		grün	Chl u. +	+·	—
			rot	+	··	—
Viburnum lantana	Früchte		blauschwarz	—	+	+
V. opulus	Früchte		rot	—	+	+

Weitere Einzelheiten der Tabelle 30 sollen hier nicht weiter
diskutiert werden, vor allem weil die Anzahl der Fälle zu gering
ist, um gültige Regeln ableiten zu können.

Die Integumente der Samenanlage einiger Arten enthalten in
einem gewissen Stadium Chlorophyll. SCHNARF (1929 und 1937)
weist in seinen monographischen Darstellungen der Samenent-
wicklung auf solche Fälle hin. Eine umfassende Untersuchung
über das Vorkommen und die Verteilung von Pigmenten der Samenanlagen steht noch aus. Die Farbe der Samen selbst, die nicht nur
verschiedene Carotinoide enthalten können (s. GOODWIN 1952),
sondern auch Chlorophyll (SEYBOLD und EGLE 1941), soll hier
außer acht bleiben. Fest steht, daß in den Schalen „reifer" Samen
wasserlösliche, also chymochrome Pigmente auftreten können, die
wohl sekundär die Zellmembranen färben. Die Pigmente der schwarz-
roten Samen von *Abrus precatorius* und *Rhynchosia phaseoloides*
dürften „Anthocyane" sein oder diesen chemisch nahestehen.
Membranoide Pigmente scheinen bei Samen häufig zu sein (siehe
MÖBIUS 1927), plasmochrome selten. Über einen solchen Fall sei
hernach berichtet. Zunächst sei eine kurze Bemerkung über den
Farbwechsel von Samen gemacht, woraus sich auch noch die offenen
Fragen ergeben.

Die Samenanlagen führen in gewissen Entwicklungsstadien
Chloroplasten, die bei der Reife ein ähnliches Verhalten zeigen, wie

wir es an Früchten, Blumen und herbstlich sich verfärbenden Laubblättern antreffen. Wie in diesen Fällen tritt eine Metamorphose oder ein Schwund der Plastiden auf. Bei der besonderen histologischen Differenzierung der Samen tritt bald dieses, bald jenes Gewebe als Träger der Farbe in Erscheinung. So kann es die Samenschale sein (z. B. gewisse Gemüsebohnen) oder die Kotyledonen (z. B. *Matthiola*), wobei eine durchsichtige, „farblose" Samenschale Voraussetzung ist, oder Teile des Nährgewebes (z. B. Aleuronschicht beim Mais). Schließlich kann der Arillus oder andere Umhüllungsgewebe die Samenfarbe bedingen oder mitbestimmen.

Diese und andere Punkte müssen bei der Beurteilung der Verfärbung des Samens Beachtung finden. Hier sei nur auf 2 Fälle aufmerksam gemacht, aus denen sich ergibt, daß das alternative Verhalten der Färbung auch bei Samen verschiedener Sorten einer Art verwirklicht ist. CORRENS hat festgestellt, daß alle gelbblühenden Levkojen *(Matthiola incana* und *M. glabra)* rein-gelbe Keime bzw. Samen, alle violettblühenden dunkelblau-violette Keime haben. „In der Tat gibt es meines Wissens keine Levkojensorte mit rein gelben Keimen, die violett blühen würde, und keine mit blauen Keimen, die weiß oder gelblich blühte." (CORRENS 1900, S. 35). „Die blauschwarze Farbe der Samen mancher *Levkojen*-Rassen beruht auf der Ausbildung blauer Proteinkörner in der unteren Epidermis der Kotyledonen" (CORRENS 1899, S. 8). Bei den Körnern von *Zea mays* liegen ähnliche Verhältnisse vor. Zwar handelt es sich hier um Früchte; die Farbe der Körner wird aber bei durchsichtiger, farbloser Fruchtschale durch Gewebe des Samens verursacht. Wie CORRENS (1901) beobachtete und v. SPIESS (1904) bestätigte, wird die blaue Farbe durch anthocyanhaltige Aleuronkörner bedingt, während bei gelben Maisrassen an Stelle des Anthocyans ein gelbes lipochromes Pigment auftritt. Vermutlich gehört das gelbe Pigment zu den Carotinoiden und ist in der Hauptsache Zeaxanthin. Diese Frage soll hier nicht diskutiert werden. Der Hinweis auf *Matthiola* und *Zea mays* sollte nur zeigen, daß bei der Färbung der „Samen" offensichtlich auch eine alternative Färbung im Sinne des in Abb. 19 wiedergegebenen Schemas erfolgt. RADDERS und WEHMER (1932) geben in Maiskörnern das Vorhandensein von Isoquercetin (Quercetinglucosid) an und F. MAYER (1935, S. 33) schreibt: „Neben dem Zeaxanthin enthält der Mais *(Zea mays)* noch in kleiner Menge einen alkalilöslichen gelben Farbstoff, der vielleicht in die Flavonreihe gehört." (Über die Lokalisierung des chymochromen Pigments fand ich keine Angaben.) Die Farbe gelber Maiskörner wird durch plasmochromes Carotinoid, diejenige blauer durch chymochrome „Anthocyane" bedingt. Molisch (1913) hält es hinsichtlich der blauen Aleuronkörner für wünschenswert, „zu untersuchen, ob nicht in der jungen Zelle der Farbstoff vielleicht doch ursprünglich im Zellsaft gelöst vorkommt und erst später von den Aleuronkörnern aufgenommen wird". Diese Frage ist noch offen, ebenso bedarf es noch einer weiteren Untersuchung, in welcher Menge Carotinoide in blauen Aleuronkörnern vorkommen.

Wir wenden uns jetzt einem Fall typischer plasmochromer Färbung der Samenschale zu. Die Cycadee *Encephalartos altensteinii* weist bei der Reife der Fruchtzapfen hochrote Samen auf, die an die Farbe des reifen Paprikas erinnern.

Im Sommer 1943 reiften im Botanischen Garten Heidelberg 2 Fruchtzapfen. Die Farbe der roten Integumente wird durch Carotinoide bedingt. In allen Gewebeschichten der Samenschale trifft man zur Zeit der Reife Chromoplasten an, die zu Brocken und Schollen degenerieren. Die Vermutung, es handele sich bei diesem Pigment um Rhodoxanthin, das bei so vielen Coniferen in den Blättern (und im Eibenarillus!) festgestellt wurde, lag nahe.

Bringt man den Farbstoff nach der Extraktion mit Methanol in benzinische Lösung und adsorbiert ihn hieraus an Zucker, so erhält man in der Säule mehrere hellgelbe und himbeerrote Ringe, die zum Teil ineinander übergehen. Ein weiteres Pigment befindet sich im Filtrat, das von citronengelber Farbe ist. Das rote Carotinoid könnte dem Adsorptionsverhalten und dem Farbton nach Rhodoxanthin oder Capsanthin sein. Die gelben Zonen dürften von verschiedenen Xanthophyllen herrühren. Der Farbstoff des Filtrats ist als Carotin anzusprechen, da er an Al_2O_3 aus Benzin mit orangerotem Ring wie Carotin adsorbiert wird.

Durch längeres Auswaschen der Zuckersäule mit Benzin gelingt es, die verschiedenen roten Farbringe auseinander zu ziehen, so daß die roten Zonen einzeln eluiert werden konnten. Die Hauptmenge des roten Pigments ist mit Methanol herausgelöst, in Benzin übergeführt und erneut an Zucker chromatographiert worden, wobei die noch vorhandenen Verunreinigungen abgetrennt werden konnten. Bringt man das rote Carotinoid in Methanol, so wird das Lösungsmittel rötlich-orange, während es beim Überführen in

Benzin gelb-braun wird. Dieses Verhalten ist bei Carotinen und Xanthophyllen nicht beobachtet worden, wohl aber bei Rhodoxanthin und bei Capsanthin-Capsorubin (ZECHMEISTER 1934). Das Spektrum des roten Pigments wurde in CS_2 ermittelt. In der mit der HARDY-Apparatur gewonnenen Absorptionskurve zeigen sich ungewöhnlich starke Banden mit den Maxima bei 538, 504 und 468 mμ (Abb. 17). Die Untersuchung im Gitterspektroskop ergab Schwerpunkte bei 542, 504 und 469 mμ. Aus dem Vergleich der Absorptionskurven dieses Farbstoffs und von Rhodoxanthin und Capsanthin ergibt sich keine Übereinstimmung. Die Absorptionskurve des Cycadeenfarbstoffs hat aber mit der von Lycopin, das aus Tomatenfrüchten gewonnen wurde, große Ähnlichkeit (Abb. 17). Die Bandenmaxima der beiden Pigmente liegen zwar um einige Millimikron auseinander (Lycopin: 545, 507 und 473 mμ), der Kurvenverlauf ist jedoch so übereinstimmend, daß wohl auf

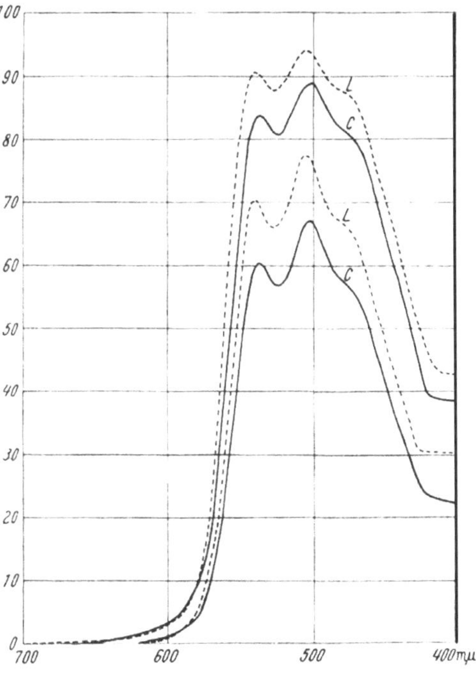

Abb. 17. Absorptionskurven von Capsorubin aus den Integumenten von *Encephalartos altensteinii* (C) und von Lycopin aus Tomatenfrüchten (L) in verschiedener Konzentration. Lösungsmittel CS_2.

einige Ähnlichkeiten der chemischen Konstitution geschlossen werden darf (s. S. 80). Abweichend ist die Adsorptionsaffinität an Zucker. Während das Carotinoid von *Encephalartos* aus benzinischer Lösung an Rohrzucker haften bleibt, wird Lycopin nicht festgehalten. Der bereits erwähnte Farbumschlag beim Überführen des Pigments aus Methanol in Benzin konnte bei Lycopin ebenfalls nicht beobachtet werden. Daraus geht hervor, daß es sich bei dem roten Carotinoid der Integumente von *Encephalartos altensteinii* um einen anderen Polyenfarbstoff handelt, und zwar wahrscheinlich um Capsorubin, das ZECHMEISTER und v. CHOLNOKY (1934) als Begleitpigment des Capsanthins aus „Paprikaschoten" chromatographisch gewonnen haben. Nach den Angaben von ZECHMEISTER (1934) weist Capsorubin in CS_2 folgende Bandenmaxima auf: 543, 503,5 und 470 mμ; KARRER und JUCKER (1948) verzeichnen sie bei 541,5, 503 und 468 mμ. Der in den Integumenten von *Encephalartos* vorliegende Farbstoff hat Absorptionsmaxima bei 542, 504 und 469 mμ. Die Übereinstimmung könnte kaum eine bessere sein, zumal ZECHMEISTER (1934) schreibt: „Das Spektrum ist schön und scharf begrenzt, was mit dem stark ausgeprägten Kurvenverlauf der HARDY-Aufnahme (Abb. 17) in Einklang steht.

Lycopin ($C_{40}H_{24}$) und Capsorubin ($C_{40}H_{40}O_4$) weichen in ihrer chemischen Konstitution (s. Formeln) voneinander ab: Capsorubin weist 2 Carbonyle und 2 Hydroxyle auf (die dem Lycopin fehlen), so daß nur 9 konjugierte Doppelbindungen gegenüber 13 beim Lycopin auftreten. Die Adsorbierbarkeit des Capsorubins an Zucker aus Benzin wird durch die Hydroxyle und Carbonyle bedingt, die auch die rote Farbe hervorrufen. Lycopin und Capsorubin ist gemeinsam, daß sie „offenkettig" sind, also keine Ionenringe besitzen.

$$
\begin{array}{ccc}
H_3C \diagdown \; \diagup CH_3 & & H_3C \diagdown \; \diagup CH_3 \\
\;\; C & & \;\; C \\
HC \diagup \qquad CH\cdot CH= \cdots \cdots =CH\cdot HC \qquad CH & & \\
\;\; | \qquad\quad \| & & \| \qquad\quad | \\
H_2C \qquad C\cdot CH_3 & & H_3C\cdot C \qquad CH_2 \\
\diagdown CH_2 \diagup & & \diagdown CH_2 \diagup
\end{array}
$$

Lycopin

$$
\begin{array}{ccc}
H_3C \diagdown \; \diagup CH_3 & & H_3C \diagdown \; \diagup CH_3 \\
\;\; C & & \;\; C \\
H_2C \diagup \quad OC\cdot CH=CH- \cdots\cdots -CH=HC\cdot CO \quad CH_2 & & \\
| \qquad\qquad\quad & & \qquad\qquad | \\
HOCH \diagup CH_2\cdot CH_3 \qquad H_3C\cdot H_2C \diagdown HCOH & & \\
\diagdown CH_2 \diagup & & \diagdown CH_2 \diagup
\end{array}
$$

Capsorubin

Capsorubin kommt somit auch bei Gymnospermen vor, nicht nur Rhodoxanthin (s. S. 66 u. 73). GOODWIN (1952) macht folgende Angabe: „Zeaxanthin is apparently the principal carotenoid in fruit of the palm *Cycas revoluta*."

Die goldgelben Fruchtblätter von *Encephalartos altensteinii* weisen im basalen Teil ebenfalls einen roten Farbstoff auf. Sein Adsorptionsverhalten und sein Absorptionsspektrum stimmen mit Capsorubin überein. Der größere Teil der Fruchtblätter zeigt aber die Rotfärbung nicht, sondern ist einheitlich gelb. Eine chromatographische Analyse dieser Pigmente aus Benzin an Zucker ergab keinen roten Farbring; hier fehlt also Capsorubin. An Al_2O_3 treten jedoch 2 Farbringe auf; einer ist braungelb, der andere blaßgelb. Beide lassen sich verhältnismäßig leicht mit Benzin auswaschen. Es ist wahrscheinlich, daß es sich hier um Lycopin und Carotin handelt, die sich bekanntlich an Al_2O_3 ebenso verhalten. LUBI-MENKO (1914) vermutete schon bei *Encephalartos hildebrandtii* in den „écailles du cône" (womit wahrscheinlich die Fruchtblätter gemeint sind, denn „écailles" kann mit „Schuppen" übersetzt werden), das Vorhandensein von Lycopin[1].

ROTHERT (1912) hat übrigens bei *Encephalartos horridus* bräun-lich-rote Chromoplasten in jungen und alten Laubblättern beob-achtet. Ob vegetative Organe von *Encephalartos*-Arten Capsorubin enthalten, oder ob es sich hier um Rhodoxanthin wie bei anderen Gymnospermen handelt, konnte nicht untersucht werden, weil die zur Verfügung stehenden Cycadeen keine verfärbten Laubblätter aufwiesen. Es ist wohl denkbar, daß die Chromatophoren in geröteten Laubblättern ebenfalls Capsorubin enthalten, da ja auch zeitweilig in den Nadeln von *Taxus baccata* dasselbe Carotinoid, nämlich Rhodoxanthin, wie im reifen Arillus auftritt.

IX. Rückblick und Ausblick.

Die vorliegende Abhandlung ist mit einem Zitat des 1836 erschienenen Lehrbuches der Botanik von G. W. BISCHOFF, Ordi-narius der Ruperto-Carola, eingeleitet worden, da es aufs beste das Thema umreißt, das im Botanischen Institut Heidelberg mit Unterstützung der Heidelberger Akademie der Wissen-schaften und der Deutschen Forschungsgemeinschaft seit 1938 bearbeitet wurde. Von früheren Untersuchungen über die Physiologie der Blattfarbstoffe in grünen und herbstlich vergilbten Laubblättern ausgehend, weitete sich der Forschungskreis, so daß gewisse biologische Probleme der Farben von Blumenblättern und Früchten sich zwangsläufig zu einer Behandlung darboten. Sum-marisch ist über gewisse Ergebnisse bereits 1942 und 1943 berichtet worden. Aus verschiedenen Gründen zögerte ich bislang, eine um-fassendere Mitteilung zu machen, vor allem wollte ich sehen, ob in unserer Zeit ein mehr als 150 Jahre altes Problem überhaupt noch das Interesse der Botaniker genießt. Das scheint nicht der Fall

---

[1] Daß WALKER (1935) auf Grund dieser Angabe *Encephalartos hilde-brandtii* in seine Liste „Vorkommen von Rhodoxanthin" einreiht, dürfte auf einem Versehen beruhen.

zu sein, da mir keine Arbeit bekannt wurde, die sich mit unseren Auffassungen und Ergebnissen beschäftigt. In den seit 1946 erschienenen Lehrbüchern, die unser Thema streifen, wird das physiologisch Wesentliche der Blumenblattfärbung übergangen. Vielleicht muß ich es mir selbst zuschreiben, da ich nicht, was heute mehr und mehr Brauch wird, in verschiedenen Zeitschriften dasselbe publiziere. Mephisto: „Du mußt es dreimal sagen!"

Wenn nunmehr die einzelnen Befunde ausführlich mitgeteilt worden sind, dann bedeutet dies keineswegs einen Abschluß der Untersuchungen, vielmehr kann das bisher Geklärte nur der Ausgangspunkt für weitere Arbeiten sein. Wer sich mit dem Problem vertraut macht, wird bald manches zwischen den Zeilen lesen.

Der Grundgedanke der vorliegenden Abhandlung ist, soweit ich feststellen konnte, zum erstenmal klipp und klar von Lamarck 1778 und Bischoff 1836 ausgesprochen worden, den wir gemäß dem Stand unserer derzeitigen Kenntnisse folgendermaßen formulieren können: Die Verfärbung der Blumenblätter und der reifenden Früchte ist Ausdruck desselben physiologischen Abbauprozesses sich herbstlich verfärbender Laubblätter. Lamarck nennt vergleichsweise mit den verfärbten Laubblättern die farbigen Blüten „comme des etats morbifiques", was Bischoff zu folgender mildernden Formulierung führt: „Wenn man nun auch nicht geradezu mit Lamarck die geöffneten Blumen als in einem krankhaften Zustande befindlich betrachten darf, so zeigt doch die Entstehung der Blütenfarben eine merkwürdige Analogie mit der durch Krankheit und Abnahme der Lebenstätigkeit in den Blättern hervorgerufenen Färbung, und es ist wohl anzunehmen, daß in beiden Fällen die Umwandlung des Chlorophylls, welches hier immer als die erste Grundlage der Färbung erscheint, durch einen ähnlichen Prozeß bewirkt werde." Mit der Umwandlung des Chlorophylls in andere Farbstoffe ist es eine besondere Sache. Bischoff stützt sich dabei auf Marquarts (1835) Auffassungen, die freilich chemisch gesehen in gar vielem unrichtig sind, aber mehr als ein Körnchen Wahrheit enthalten. In seinem für die damalige Zeit maßgebenden Botanischen Lehrbuch nahm Schleiden (1842) zu Marquarts Abhandlung folgendermaßen Stellung:

„Im Jahre 1834 erschien ein Buch von Clamor Marquart über die Pflanzenfarben, welches großes Aufsehen gemacht und von Pflanzenphysiologen und Chemikern um die Wette abgeschrieben ist. Er stellt die Sache so dar: Chlorophyll ist der Mittelstoff, daraus bildet sich durch Wasseraufnahme bei Einwirkung der Alkalien (können sie nicht anders wirken, als daß sie zur Wasseraufnahme disponiren?) das Anthoxanthin, der Farbestoff der gelben Farbereihe (nach den angegebenen Pflanzen lauter harzartige, also in Wasser unlösliche Stoffe und das durch Wasseraufnahme aus einem wachsartigen Stoff!), durch Wasserentziehung, z. B. durch Schwefelsäure (muß denn diese nur Wasser entziehend wirken?) das Anthocyan (nach den angegebenen Pflanzen fast lauter in Wasser auflösliche Farbestoffe durch Wasserentziehung!!). Dabei gibt CL. MARQUART an, er habe sich nicht bemüht, die Farbestoffe erst rein darzustellen, da es ihm ja nur auf die Farbe ankomme, und das sagt ein Chemiker, der weiß, daß ein paar Atome Wasser den Eisenvitriol grün, den Kupfervitriol blau färben? Es bedarf keiner großen chemischen Kenntnisse, um die völlige Unbrauchbarkeit der Arbeit von vornherein einzusehen."

Daß SCHLEIDEN mit seiner Kritik übers Ziel hinausgeschossen ist, mag wohl mehr durch sein Temperament als durch Sachkenntnisse bedingt gewesen sein. MARQUART ist nicht nur der Schöpfer der Wörter Anthocyan und Anthoxanthin (= Carotinoide), sondern hat auch die wichtige Beobachtung gemacht, daß es in Blumenblättern wasserlösliche und wasserunlösliche Pigmente gibt und gewisse Farbstoffe in andere übergehen können. Wahrscheinlich hat die Kritik SCHLEIDENs dazu beigetragen, daß die Arbeit von MARQUART in Vergessenheit geriet, die zwar MÖBIUS (1927) in seiner monographischen Abhandlung über die Farbstoffe der Pflanzen referiert, aber leider in seiner Bedeutung völlig verkennt. Hätte MÖBIUS die von LAMARCK, MARQUART und BISCHOFF gegebene Grundkonzeption erfaßt, dann wäre seine Monographie sicherlich ansprechender ausgefallen. Es liegt nicht in meiner Absicht, eine geschichtliche Darstellung des Themas der Verfärbung der Blumenblätter und Früchte zu geben, ich wollte nur zeigen, auf wessen Schultern ich stehe. Dabei darf A. F. W. SCHIMPER nicht unerwähnt bleiben, der, soweit ich sehen kann, die Metamorphose der Plastiden als erster klar erkannt hat (1885). Weshalb er die Auffassungen von LAMARCK, MARQUART und BISCHOFF nicht verwertet, läßt sich nicht beantworten, vielleicht war er bei diesem Thema „zu sehr Cytologe'. Wie dem auch sei, SCHIMPERs Metamorphosenlehre der Plastiden ist ein Eckpfeiler unserer Untersuchungen, ganz abgesehen davon, daß SCHIMPER viele wertvolle

Einzelergebnisse zeitigte. Von besonderer Bedeutung sind auch die Untersuchungen von Strugger (1953), die eindeutig Schimpers Kontinuitätslehre der Plastiden festigen.

Mit diesen etwas langen Ausführungen sollte keineswegs gemäß honorigen Vorbildern „das Unternehmen entschuldigt", sondern nur gezeigt werden, daß die Grundkonzeption des Themas nicht neu — vielmehr nur wieder der Vergessenheit entrissen worden ist. Beglückend ist es auf jeden Fall, wenn man in unserer Zeit auf einem Gebiet arbeiten kann, auf dem es keine Prioritätsstreitigkeiten und Sensationen gibt.

Die Blumenblätter sind im allgemeinen nächst den Staubblättern hinfällige Gebilde, indessen die Kelchblätter robuster sind und die Fruchtblätter nach der Anthese in der Regel in eine zweite Wachstumsphase eintreten. So verschiedenartig auch die Blumen- und Fruchtblätter histologisch-anatomisch ausgebildet sind, physiologisch im Hinblick auf die Verfärbung stimmen sie überein. Zunächst ist folgendes zu bedenken: Die Primordien der Blumenblätter bleiben in der Regel am Vegetationspunkt in der Entwicklung zurück, sind oft kleine Höcker, während die anderen Perianthkreise relativ große Gebilde darstellen. Mit einiger Verzögerung vergrößern sich sodann häufig die Blumenblätter beträchtlich -- es muß aus wenig Zellmaterial in kurzer Zeit oft ein beachtlich großes Organ gebildet werden. Wie oft zeigt sich dies in der Zartheit der Blumenblätter, ihrer Kurzlebigkeit nach der Entfaltung und einem raschen, oft nicht aufhebbaren Welken! Daß bei der Mehrzahl der Blumenblätter sich in einem frühen Stadium noch Chloroplasten ausbilden, die funktionslos bleiben, erscheint einem dadurch verständlich, da das Perianth eben metamorphosierte Blätter darstellt, was sich aus morphologischen Untersuchungen eindeutig ergeben hat. Der Gedanke lag nahe, zu prüfen, ob hinsichtlich der histologisch-anatomischen Differenzierung zwischen plasmochromen und chymochromen Blumenblättern Unterschiede bestehen, da diese pigmentphysiologisch gesehen eine stärkere Rückbildungsstufe als jene gegenüber Laubblättern darstellen.

Mein Schüler Schlag hat umfassendes Material daraufhin untersucht. Da diese Arbeit und ihre Erweiterung bislang nicht veröffentlicht ist, sei in Abb. 18 eines der wesentlichen Ergebnisse wiedergegeben. Aus der graphischen Darstellung, der Messungen von 157 Arten zugrunde liegen, ist zu ersehen, daß das Maximum der Dicke chymochromer Blumenblätter bei 100 μ, das der plasmochromen bei 150 μ liegt. Die Kurven transgredieren, was nicht verwunderlich ist. Nachdem SCHLAG seine Untersuchungen abgeschlossen hatte, stießen wir auf eine Arbeit von MÜLLER (1893), die sich für unsere Frage auswerten ließ. Danach weisen die Chymochromen (11 Arten) im Mittel eine Dicke von etwa 250 μ, die Plasmochromen (8 Arten) eine solche von 440 μ auf. Absolut liegen die Werte von MÜLLER höher als bei SCHLAG, der Unterschied tritt aber deutlich hervor, genau so wie in einer auswertbaren Arbeit von SCHUBERT (1925). Danach kommt den plasmochromen Blumen-

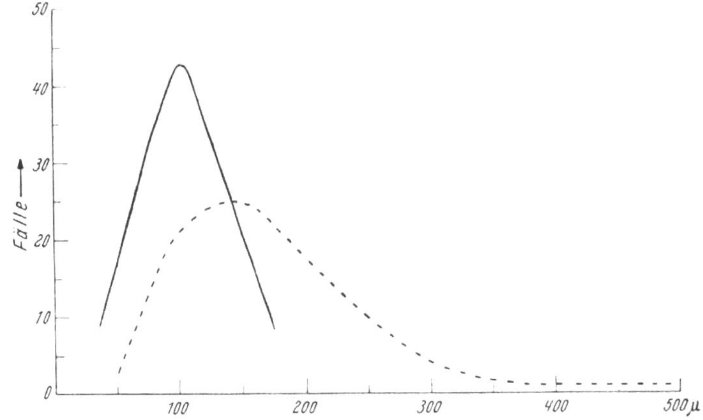

Abb. 18. Dicke der plasmochromen (gestrichelte Kurve) und chymochromen (ausgezogene Kurve) Blumenblätter.

blättern (10 Arten) ein Durchschnittswert von 230 μ, den chymochromen (7 Arten) ein solcher von etwa 140 μ zu. Das Ergebnis: plasmochrome Blumenblätter sind dicker als chymochrome; diese verraten also in ihrer anatomischen Struktur eine schwächere Ausbildung gegenüber jenen, die meist auch noch in einem späteren Stadium Plastiden führen, was sie eben zu plasmochromen macht. Bei den chymochromen werden die Plastiden viel früher abgebaut als bei den plasmochromen — die Verfärbung bewerten wir als Symptom physiologischer Reduktion mehr als die Farbstoffe selbst, die vornehmlich den Biochemiker interessieren.

Die Befunde, daß plasmochrome Blumenblätter gegenüber chymochromen häufig (auf statistischer Grundlage ermittelt) mehr Stickstoff und Phosphor enthalten, können wir nur so deuten, daß eben letztere stärker an den genannten Elementen verarmt sind

als erstere. Daß eine Auswanderung des Stickstoffs aus alternden
Blumenblättern erfolgt, hat Schumacher (1932) ermittelt. Auch
die Feststellung, daß plasmochrome Blumenblätter durchschnitt-
lich reicher an Vitamin C sind als chymochrome (Seybold und
Mehner 1948), fügt sich in die Vorstellung des (noch) physiologisch kräftigeren plasmochromen Blumenblattes ein. Ob sich die
chymochromen Korollen auch noch in anderen physiologischen
Abläufen als stärker zurückgebildet als die plasmochromen erweisen, müssen weitere Untersuchungen ergeben.

Der Ablauf des Farbwechsels, der in allen Blättern der vegetativen und der reproduktiven Teile des Sprosses erfolgt, ist in
Abb. 19 schematisch dargestellt. Die Horizontale soll die Entwick-

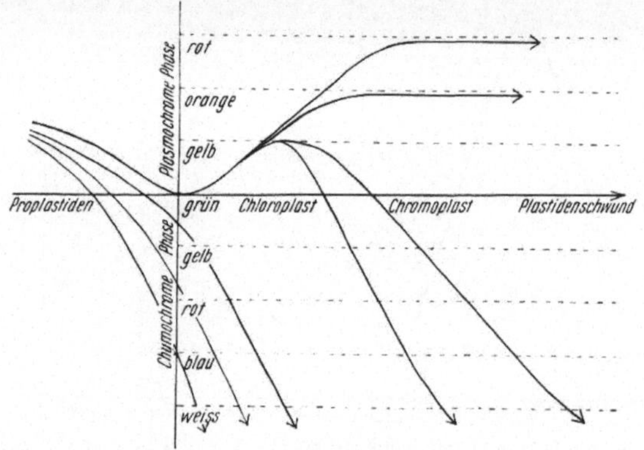

Abb. 19. Ablauf des Farbwechsels in den Plastiden, s. Text.

lung der Plastiden, d. h. ihre Metamorphose (Proplastid-Chloro-
plast-Chromoplast-Leukoplast) und ihren schließlichen Schwund
veranschaulichen. Auf der Vertikalen sind die einzelnen Farben
eingezeichnet, und zwar nach oben die plasmochromen, nach unten
die chymochromen Fälle. Die Kurven selbst stellen die möglichen
Änderungen dar, die manchmal auch reversibel sein können. Es
ist selbstverständlich, daß außer den in Abb. 19 gewählten auch
noch andere hätten eingezeichnet werden können. Das Schema soll
nur die Grundkonzeption des Farbwechsels der Blattorgane veranschaulichen, der Ausdruck cytologischer und physiologischer
Veränderungen ist.

Die Abb. 20 möge ergänzend dem Leser, dem die cytologischen
Zustände der Entwicklung der Zelle nicht ganz gegenwärtig sind,
die Verhältnisse veranschaulichen. In der embryonalen Zelle (1)
mit den Proplastiden bilden sich mit der Zeit ergrünende Chloro-

plasten und unter Volumvergrößerung der Zelle treten sodann Vacuolen auf (2, 3), die schon früh Anthocyane führen können (4) (Jugendanthocyan). Bildet sich solches nicht, so geht die Zelle mit einer farblosen Vacuole in die Dauerphase über (5). In der Vacuole können sich Anthocyane, Flavonole oder Leukofarbstoffe bilden (6, 7). Das „Jugendanthocyan" kann im Laufe der Zeit

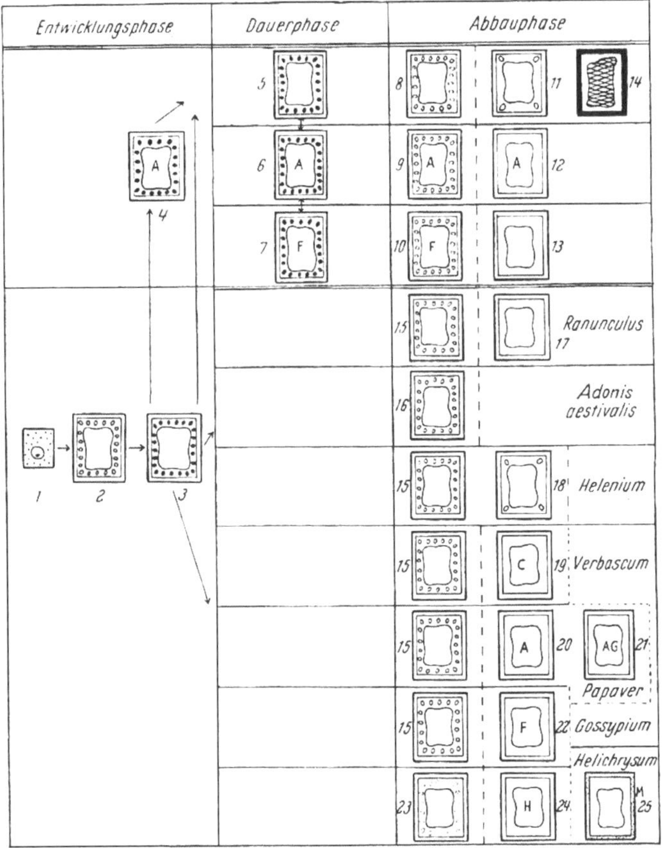

Abb. 20. Die cytologischen Zustandsänderungen des Farbwechsels in der Zelle. Schematische Darstellung; s. Text.

optisch verschwinden, was sich bei vielen Laubblättern beobachten läßt. In dem typisch grünen „Chloroplastenzustand" verharren die Parenchymzellen der Laubblätter, die Dauerphase wird in der Regel erst nach Monaten, ja nach einigen Jahren von der Abbauphase abgelöst, die durch einen Schwund der Plastiden gekennzeichnet ist. Dabei können rote, blaue, gelbe und braune

Pigmente als „Altersanthocyan" auftreten, und zwar in der Vacuole, die jetzt in besonderem Maße als Ablagerungsplatz für sekundäre Pflanzenstoffe fungiert (8—13). Schließlich kann es dazu führen, daß die Zellen in einem herbstlichen Laubblatt völlig ausbleichen (z. B. *Sambucus nigra*) und mikroskopisch nur noch die Zellwand nebst „Trümmern" des Protoplasmas zu erkennen ist. Es kommt auch vor, daß in solchen abgestorbenen Zellen die Membran sich verfärbt und im Zellumen sich „Schlacken" verschiedener Färbung finden (14). Die Zellen der Blumenblätter, Früchte und Samenschalen durchlaufen im wesentlichen auch diese Metamorphose, im einzelnen treten besondere Zustände dieses Vorganges hervor. Von einer chloroplastenführenden Dauerphase kann man nur bei wenigen Blumenblättern sprechen, da die Verfärbung oft schon früh und rasch einsetzt. Viele Früchte verharren dagegen längere Zeit im grünen Zustand und zeigen erst bei der „Reife" eine Verfärbung. Die Abbauphase manifestiert sich bei den Blumenblättern in der Weise, daß die Chloroplasten ihr Chlorophyll verlieren und zu Chromoplasten werden (15), wobei zu den in den Chloroplasten vorhandenen Primärcarotinoiden rote oder gelbe Sekundärcarotinoide treten können (16). Beim Verblühen oder schon vor der Knospenentfaltung gehen oft die Chromoplasten zugrunde, so daß die Petalen völlig ausbleichen (17). Bei dem Abbau der Chromoplasten kommt es unter anderem auch dazu, daß die Primärcarotinoide glykosidieren und dadurch als wasserlösliche Pigmente im Protoplasma sich anhäufen (18) oder in die Vacuole übertreten (19). Bei dem Abbau der Chromoplasten kann es zur Bildung von roten bzw. blauen (20) oder zu gelben Anthocyanen kommen (21), es treten aber auch an deren Stelle Flavonole oder andere chymochrome Pigmente auf (22). Schließlich kann dem Plastidenschwund eine Farbstoffbildung folgen, die sich in der Membran zeigt (23, 24), so daß membranochrome Blumenblätter zustande kommen. Damit sind die möglichen Farbsysteme der Korollen wiedergegeben, für die sich auch Beispiele bei den Früchten finden.

Die hier und an anderen Stellen dieser Abhandlung vollzogene Gliederung in plasmochrome und chymochrome Färbung der Blattorgane darf nicht derart mißverstanden werden, daß die Farbsysteme in allen Fällen entweder plasmochrom oder chymochrom seien. Es gibt auch Beispiele bei Blumenblättern und Früchten, daß sowohl plasmochrome als auch chymochrome Pigmente innerhalb einer Zelle (Abb. 20, 9) auftreten. Auch der Fall ist verwirklicht, daß weder plasmochrome, noch chymochrome, sondern membranochrome Färbung vorliegt (Strohblumen). Meist ist aber nur ein Farbsystem für den optischen Eindruck maßgebend.

Die histologische Differenzierung kann bei Blumenblättern, Früchten und Samenschalen dazu führen, daß z. B. die Epidermis plasmochrom, darunterliegende Parenchyme chymochrom erscheinen oder umgekehrt. Wie immer auch im einzelnen die Verhältnisse liegen, die Grundkonzeption der stufenweisen Verfärbung ist dadurch nicht durchbrochen. In diesen Fällen verläuft die Verfärbung in den einzelnen Geweben nicht synchron. Jeder physiologische Ablauf, auch der eines beschleunigten oder verzögerten Farbwechsels, ist der Gesamtentwicklung der Organe koordiniert.

Die vorliegende Betrachtung der Pflanzenpigmente wirft eine Fülle von Fragen auf, die vielen Gebieten der Botanik zugehören, nicht nur der Physiologie im engeren Sinn. Wir haben bereits darauf hingewiesen, daß es bei gewissen Arten Varietäten gibt, denen das „Kardinalcarotinoid", das z. B. roten Früchten und Blumenblättern ihre charakteristische Farbe verleiht, fehlt (s. S. 32 und 65). Da diese Erscheinung bei verschiedenen systematisch nicht verwandten Arten auftritt, können wir vermuten, daß hier homologe Mutationen vorliegen, wie sie für eine Reihe morphologischer Merkmale (z. B. Schlitzblättrigkeit) bekannt sind. Mit diesem Begriff ist freilich noch keine befriedigende Erklärung des Phänomens gegeben. Einerseits ist die genetische Analyse noch nicht soweit vorgeschritten, daß wir etwas über die Bildung der Carotinoide aussagen können, und andererseits hat die physiologische Forschung noch keine Klarheit über die Biogenese dieser Farbstoffe erbracht. Vorderhand können wir nur die Tatsache feststellen, daß bei der Metamorphose der Plastiden gewisse Blumenblätter und während der Reife der plasmochromen Früchte rote Sekundärcarotinoide auftreten können, diese aber bei gewissen Varietäten nicht gebildet werden. Ob man die Sekundärcarotinoide (bei Tomaten und Hagebutten ist es Lycopin, beim Paprika Capsanthin und Capsorubin, bei Eibenbeeren Rhodoxanthin und bei der Judenkirsche Physalien) als mono- oder polygene Phäne aufzufassen hat, müssen weitere genetische Untersuchungen ergeben. Daß die roten Sekundärcarotinoide zu den Parachromen (SEYBOLD

1943) zu rechnen, also optisch-physiologisch bedeutungslos sind, wird wohl niemand bezweifeln. Ob sie einen ökologischen Wert besitzen, müßte erst noch bewiesen werden. Gerade die Tatsache, daß die roten Carotinoide fehlen können, ohne daß der Pflanze dadurch ein Nachteil erwächst, scheint mir ein Beweis dafür zu sein, daß ihnen als sekundäre Pflanzenstoffe keine physiologische Funktion zukommt.

In chemischer Hinsicht weisen die roten Sekundärcarotinoide der erwähnten Fälle gewisse Unterschiede auf, die nicht übersehen werden dürfen. Lycopin ($C_{40}H_{56}$) ist sauerstofffrei. Rhodoxanthin ($C_{40}H_{50}O_2$) ist von allen bisher bekannten Carotinoiden mit nur 50 H-Atomen am stärksten ungesättigt. Capsanthin ($C_{40}H_{56}O_3$) und Capsorubin ($C_{40}H_{56}O_4$) sind relativ sauerstoffreiche Carotinoide, ebenso Astaxanthin ($C_{40}H_{52}O_4$) und Astacin ($C_{40}H_{48}O_4$), die nur noch von Fucoxanthin ($C_{40}H_{56}O_6$) in dieser Hinsicht übertroffen werden. Capsanthin und Capsorubin liegen in der Frucht oft verestert vor, das Physalien ist der Zeaxanthin-dipalmitinsäureester ($C_{15}H_{31}-COO-C_{40}H_{54}-OOC-C_{15}H_{31}$) (s. Zechmeister 1934 und Karrer und Jucker 1948). Das Auftreten veresterter Carotinoide in Blumenblättern und Früchten ist verständlich, da solche auch in vergilbten Herbstblättern vorkommen (s. S. 72 und Seybold 1943). Die Veresterung der Carotinoide kann geradezu als Charakteristikum der Sekundärcarotinoide gelten. Die von Lamarck ausgesprochene und von Bischoff vertretene Auffassung, daß die Herbstblätter, Blumenblätter und Früchte sich in demselben Stadium eines physiologischen Abbaues befinden, wird durch die übereinstimmende Ausbildung veresterter Carotinoide gestützt. Bei der Rückbildung der Chloroplasten zu Chromoplasten während der Fruchtreife tritt wie bei den Herbstblättern und den Blumenblättern eine Auswanderung von Phosphor und anderen Stoffen ein (s. Czapek, Biochemie der Pflanzen II, S. 461 ff.), so daß bei der Metamorphose der Chloroplasten sich sozusagen Gelegenheit zur Veresterung bereits vorhandener oder sich neu bildender Carotinoide mit anwesenden Fettsäuren bietet. Die Biogenese der Sekundärcarotinoide bedarf noch weiterer Untersuchungen. Ob sauerstoffarme oder sauerstoffreiche Sekundärcarotinoide oder mehr oder weniger gesättigte sich bilden, scheint physiologisch bedeutungslos zu sein. Die Bildung des einen oder anderen Carotinoids ist als eine genetisch bedingte Eigentümlichkeit aufzufassen.

Damit kommen wir zu einem wesentlichen Problem der hier mitgeteilten Befunde. Die Erscheinung, daß neben normal rotfrüchtigen Arten gelbfrüchtige Varietäten mutativ auftreten, kann zunächst nur als phänotypisch parallellaufende Variabilität bezeichnet werden. In welchem Maße ihr ein genotypischer Parallelismus zugrunde liegt, müssen weitere Untersuchungen ergeben. Optische und physiologische Ähnlichkeiten dürfen wir nicht ohne weiteres mit genetischen gleichsetzen. Die Erscheinung, daß bei vielen plasmochromen rotfrüchtigen Arten gelbfrüchtige Varietäten auftreten, scheint kein Zufall, sondern Ausdruck einer Gesetzmäßigkeit. Wenn eine solche vorliegt, dann müssen sich Voraussagen vom Vorhandensein nicht bekannter Fälle machen lassen. Demnach müßte es beispielsweise gelbfrüchtige Maiglöckchen, gelbfrüchtigen bittersüßen Nachtschatten und gelbe Kakifrüchte geben, die mir bislang nicht begegnet sind. In der Literatur konnte ich diesbezügliche Angaben nicht finden.

Auch der Regel des alternativen Auftretens plasmochromer und chymochromer Blumenblätter von Arten einer Gattung (s. Tab. 29) scheint eine im Genotypus verankerte Gesetzmäßigkeit zugrunde zu liegen. Es ist BUTENANDT beizupflichten, wenn er in einer Mitteilung über die Bildung der Insektenommochrome schreibt (Forschungen und Fortschritte, Mai 1947): „Das Zusammenwirken der Gene bei der Entstehung des ihnen zugeordneten Merkmals kommt durch das nacheinanderfolgende Eingreifen in eine stufenweise ablaufende chemische Reaktionskette zustande. Durch eine Untersuchung aller Pigmentvorstufen und der ihre Bildung jeweils katalysierenden Fermente wird man die von den Genen zum Außenmerkmal führende Reaktionskette schrittweise weiter analysieren können und dadurch möglicherweise zugleich einen neuen Weg zur Strukturermittlung der Erbfaktoren eröffnen." Ähnlich äußerten sich auch andere Forscher.

Die Physiologie der Pflanzenpigmente wird durch die Genetik viel Förderung erfahren, wie umgekehrt jene mit ihren Ergebnissen und Problemen der Analyse des Erbgutes dienlich sein kann.

Drängt sich einem nicht beim Überblick der „bunten Mannigfaltigkeit" der Blumen- und Fruchtblätter inmitten der „Eintönigkeit" des Laubblattgrüns die Frage auf: Worin ist es begründet, daß das eine Mal plasmochrom gelbe oder rote, das andere Mal rote, blaue, weiße oder gelbe chymochrome Farbe bei der Alterung der Blütenorgane in Erscheinung tritt? Dies nicht nur bei

systematisch einander fernerstehenden Familien, sondern auch bei
Arten einer Gattung! Waltet hier ein Gesetz oder ist es „blinder
Zufall“, daß bald plasmochrome, bald chymochrome Färbung von
der Natur gewählt wird? Wenn es auch im Einzelfall so scheint,
daß es für eine Art, physiologisch und ökologisch gesehen, belanglos
ist, ob ihr etwa plasmochrome Blumenblätter und chymochrome
Früchte eigen sind, so könnte trotzdem in einer Pflanzenfamilie oder
gar Familiengruppe das eine oder andere Farbsystem vorherrschend
sein. Es brauchen hier nicht die heiklen Probleme der Systematiker
und Phylogenetiker, welche Familien mit welchen anderen „verwandt“ sind, angeschnitten zu werden, man kann die Frage der
Farbgebung auch als physiologische Aufgabe ansehen. Sie zu lösen
sind wir nicht in der Lage, da die hierzu erforderlichen statistischen
Erhebungen nur auf breiter Grundlage sinnvoll sind. Es liegt in
der Natur der Sache, daß eine Begrenzung auf ein kleines Gebiet
(etwa Europa) das Erfassen einer Gesetzmäßigkeit nicht ermöglicht. Größere Gebiete können mit Literaturangaben so wenig
zuverlässig behandelt werden wie mit Herbarmaterial, nur schrittweise lassen sich durch Einzelarbeiten sichere Grundlagen gewinnen.

Hat nicht die Statistik der Fixsterne („rote Riesen“, „weiße
Zwerge“ usw.; Russel-Diagramm) gewisse Einblicke in die Ent-
wicklung der Himmelskörper gegeben? Wer wollte bei unseren
lückenhaften Kenntnissen sagen, daß eine umfassende Statistik der
Farben uns keinen Einblick in die Gliederung der Mannigfaltigkeit
geben könnte? Vor Jahren habe ich den Versuch gemacht, das
Vorkommen der Blattformen der Angiospermen als morphologischen
Parallelismus zu erfassen (Seybold 1927). Dabei legte ich den
Schwerpunkt auf das Phänomen der Konvergenz. Vielleicht läßt
sich auch die Färbung der Blumenblätter und Früchte unter diesem
Aspekt fruchtbar behandeln. Das muß die Zukunft lehren. Troll
(1928) hat bereits Teilfragen der Färbung der Blumenblätter in
seine morphologischen Betrachtungen eingeflochten. Ist es nicht
seltsam, daß mehrere Familien der Monochlamydeen meist chymochrome (s. Tabelle 28), die Gramineen und Cyperaceen durchwegs
plasmochrome Blumenblätter haben? Ganze Zweige und Äste des
„Stammbaumes (oder Stammstrauches)“ scheinen plasmochrom
oder chymochrom zu „blühen“ oder zu „fruchten“. Bestimmte
Familien „malen“ offensichtlich gerne bunt mit „Aquarellfarben“,
andere mit „Ölfarben“. Mancher mag dies und den Farbwechsel

der Blattorgane für eine belanglose Erscheinung halten, mir scheint sie ein von der Natur angebotener Indicator für stoffwechselphysiologische Vorgänge zu sein, der uns einen Einblick in die in ihr waltenden Gesetze gewährt. „Exakte Phantasie" dürfte sich auch bei einer „Systematik der Farben" als fruchtbar erweisen. „Man kann nie wissen, was dabei herauskommt!"

Im Verschiedenen das Gleiche,

im Gleichen das Verschiedene sehen!

MONTESQUIEU.

Anhang: Methoden.

1. Die mikroskopische Untersuchung des Materials gibt nicht immer zuverlässige Auskunft, ob plasmochrome oder chymochrome Färbung vorliegt. Trotzdem ist es angezeigt, in allen Fällen, besonders in zweifelhaften, mikroskopische Präparate herzustellen, was auf übliche Weise (Quer- oder Flächenschnitte) geschah. Mit dem unbewaffneten Auge läßt sich nicht feststellen, ob das Objekt plasmo- oder chymochrom ist!

2. In manchen Fällen ist das Untersuchungsmaterial im UV-Licht auf Fluorescenz geprüft worden (makro- oder mikroskopisch!) Dabei erweist es sich als vorteilhaft, das Fluorescenzlicht durch Gelb- oder Orangegläser zu betrachten, wobei die Rotfluoreszenz des Chlorophylls deutlicher hervortritt als ohne solche Filter.

3. Ein einfacher Nachweis, ob plasmochrome oder chymochrome Farbgebung des Materials (insbesondere bei gelben Objekten) vorliegt, läßt sich folgendermaßen durchführen (Phasenprobe): Die Objekte werden einige Stunden in Probegläser mit etwa 90% Methanol eingetragen. Das Extrakt wird mit einigen Kubikzentimetern Benzin versetzt und das Methanol durch Zugabe von Wasser auf etwa 50% gebracht. Färbt sich nach gelindem Schütteln die benzinische Epiphase gelb oder rot, so liegen plasmochrome Carotinoide vor. Bleibt die Epiphase farblos, so ist es angezeigt, das Extrakt vor der Benzinzugabe mit etwas KOH zu versetzen, wobei etwa vorhandene hypophasische glykosidische Carotinoide, die chymochrom sind, freigemacht werden, die sodann bei der Phasenprobe in Benzin übergehen.

4. Die chymochromen Flavonole lassen sich meist mittels NH_3 nachweisen. Lebende weiße Blumenblätter werden NH_3-Dämpfen ausgesetzt, Extrakten wird Ammoniak zugegeben. Gelbfärbung deutet auf Flavonole hin. Die rasch durchführbare Ammoniakprobe bewährt sich besonders bei weißen Blumenblättern.

5. Die Prüfung auf Flavonole nach WILSON-TAUBÖCK beruht auf dem Vorgang, daß diese Farbstoffe mit Oxalsäure und Borsäure fluorescierende Ester bilden. Von dem Material wurden wäßrige oder methanolische Extrakte hergestellt, die auf dem Wasserbad zur Trockne eingedampft worden sind. Der wasserfreie Rückstand ist in Aceton aufzunehmen und Borsäure + Oxalsäure im Mengenverhältnis 1:1 hinzuzugeben. (Zu beachten ist es, daß beide Säuren in kristallisiertem Zustand hinzugefügt werden müssen,

da die Anwesenheit von freiem Wasser die Reaktion verhindert). Die acetonische Lösung wird hierauf eingedampft und der Rückstand mit Äther aufgenommen. Im UV-Licht zeigt grünliche oder bläuliche Fluoreszenz das Vorhandensein von Flavonolen an (Fluorescenzmethode).

6. Die Reduktionsmethode nach SHIBATA ist folgendermaßen angewendet worden: Als Extraktionsmittel des Materials dienen einige Kubikzentimeter heißer Alkohol. Auf etwa 5 cm³ Extrakt kommen 1 cm³ 30 %ige HCl. Reduziert wird die Lösung durch einen Tropfen Hg oder etwas Mg- bzw. Zn-Pulver. In manchen Fällen beschleunigt leichte Erwärmung die Rötung, die Ausdruck der Reduktion der Flavonole zu Anthocyanen ist.

7. Die Chromatographie der Plastidenpigmente erfolgte in der Weise, wie sie sich im Botanischen Institut Heidelberg seit vielen Jahren bewährt hat (s. SEYBOLD und EGLE 1939, Planta **29**).

8. Die spektrographischen Aufnahmen sind mit der HARDY-Apparatur (s. SEYBOLD und WEISSWEILER 1942, Bot. Archiv **43**) gemacht worden. Herr Dr. WEISSWEILER ist 1944 ein Opfer des Krieges geworden. Nach dem Kriege hat Dr. ZIEGER in dankenswerter Weise für die vorliegende Untersuchung einige HARDY-Aufnahmen gemacht.

Literatur.

BISCHOFF, G. W.: Lehrbuch der Botanik, Bd. 2, Teil I. Stuttgart 1836.— BROCKMANN, H., F. POHL, K. MEIER u. MOHAMED NAGIB HASCHAD: Über das Hypericin, den photodynamischen Farbstoff des Johanniskrautes (*Hypericum perforatum*). Liebigs Ann. **553**, 1 (1943). — BÜHLER, H.: Über den Stickstoffgehalt plasmochromer und chymochromer Blumenblätter. Bot. Archiv **45**, 259 (1944). — CORRENS, C.: Untersuchungen über die Xenien bei *Zea Mays*. Ber. dtsch. bot. Ges. **17**, 410 (1899). — G. MENDELS Regeln. Ber. dtsch. bot. Ges. **18**, 158 (1900). — Über Levkojenbastarde. Bot. Cbl. **84**, 97 (1900). — Über Bastardierungsversuche mit *Mirabilis*-Sippen. Ber. dtsch. bot. Ges. **20**, 594 (1902). — Über Vererbungsgesetze. Verh. Ges. dtsch. Naturforsch. **1905**. (Gesammelte Abhandlungen von CORRENS. Berlin 1924). — CZAPEK, F.: Biochemie der Pflanze, 2. Aufl. Jena 1925. — FREY-WYSSLING, A.: Über die Herkunft der sekundären Pflanzenfarbstoffe. Naturwissenschaften **26**, 624 (1938). — Ernährung und Stoffwechsel der Pflanzen. Zürich 1945. — FRITSCH, F.: Über farbige, körnige Stoffe des Zellinhaltes. Diss. Königsberg 1882. — FUNCK, E., u. H. v. RATHLEF: Die Farben der Rosenblüten und ihre objektive Erfassung und Darstellung. Gartenbauwiss. **15**, 140 (1940). — GOODWIN, T. W.: The comparative biochemistry of the carotenoids. London 1952. — HARDER, R.: Über Farb- und Musteränderungen bei Blüten. Naturwissenschaften **26**, 44 (1938). — HILDEBRAND, F.: Anatomische Untersuchungen über die Farben der Blüten. Jb. wiss. Bot. **3**, 59 (1863). — KARRER, P., u. E. JUCKER: Carotinoide. Basel 1948. — KARRER, P., u. O. WALKER: Untersuchungen über die herbstliche Färbung der Blätter. Helvet. chim. Acta **17**, 43 (1934). — KLEIN, G.: Studien über Anthochlor. I. Sitzungsber. Akad. Wiss. Wien, Math.-naturwiss. Kl. Abt. 1 **129**, 341 (1920). — KÖHLER, F. J.: Untersuchungen über die Verteilung der Farben und Geruchsverhältnisse in den wichtigeren Familien des Pflanzenreichs. Dissertation Tübingen 1831. — KUHN, R., u. H. BROCKMANN: Über Rhodoxanthin, den Arillusfarbstoff der Eibe *(Taxus baccata)*. Ber. dtsch. chem. Ges. **66**, 828 (1933). — Bestimmung von Carotinoiden. Z. physiol. Chem. **206**, 41 (1932). — KUHN, R., u. CH. GRUNDMANN: Die

Konstitution des Lycopins. Ber. dtsch. chem. Ges. **65**, 1880 (1932). — KUHN, R., J. STENE u. N. A. SÖRENSEN: Über die Verbreitung des Astaxanthins im Tier- und Pflanzenreich. Ber. dtsch. chem. Ges. **72**, 1688 (1939). KUIJPER, J.: Über den Farbwechsel und die Ephemerie bei den Blüten von *Hibiscus mutabilis* L. Rec. Trav. bot. néerl. **28**, 1 (1931). — LAMARCK, J. P. B.: Flore française, S. 124. 1778. — LE ROSEN, A. L., u. L. ZECHMEISTER: The carotenoid pigments of the fruit of *Celastrum scandens*. Arch. Biochemie **1**, 17 (1942). — LINDT, O.: Über die Umbildung der braunen Farbstoffkörper in *Neottia nidus avis* zu Chlorophyll. Bot. Ztg **43**, 825 (1885). — LOEB, H.: Physiologische Untersuchungen an weißen Blumenblättern. Diss. Heidelberg 1948. — LUBIMENKO, M. W.: Quelques recherches sur lycopine et sur ses rapports avec la chlorophylle. Rev. gén. Bot. **25** 475 (1914). — MARQUART, L. C.: Die Farben der Blüten. Bonn 1835. — MAYER, F.: Chemie der organischen Farbstoffe, Bd. 2. Berlin 1935. — MÖBIUS, M.: Die Farbstoffe der Pflanzen. In Handbuch der Pflanzenanatomie, Abt. 1, Teil 1, Bd. 3. Berlin 1927. — MOEWUS, F.: Die Bedeutung von Farbstoffen bei den Sexualprozessen der Algen und Blütenpflanzen. Angew. Chem. **62**, 496 (1950). — Zur Physiologie und Biochemie der Selbststerilität bei *Forsythia*. Biol. Zbl. **69**, 181 (1950). — MOLISCH, H.: Über den braunen Farbstoff der Phaeophyceen und Diatomeen. Bot. Ztg **63**, 131 (1905). — Mikrochemie der Pflanzen. Jena 1913. — MÜLLER, L.: Grundzüge einer vergleichenden Anatomie der Blumenblätter. Nova Acta Leopoldina **28**, 1 (1893). — NOACK, K.: Untersuchungen über den Anthocyanstoffwechsel auf Grund der chemischen Eigenschaften der Anthocyangruppe. Z. Bot. **10**, 561 (1918). — Physiologische Untersuchungen an Flavonolen und Anthocyanen. Z. Bot. **14**, 1 (1922). — PRANTL, K.: Notiz über einen neuen Blütenfarbstoff. Bot. Ztg **29**, 425 (1871). — REICHEL, L., u. W. BURKART: Biogenetische Beziehungen der Anthocyanidine zu Flavonfarbstoffen und Catechinen. Liebigs Ann. **536**, 164 (1938). — RÖDER, I.: Untersuchungen über die Farbenverhältnisse in den Blüten der Flora Frankreichs. Dissertation Tübingen 1833. — ROTHERT, M. W.: Über Chromoplasten in vegetativen Organen. Anz. Akad. Wiss. Krakau, Math.-naturwiss. Kl. 1 B, 189 (1912). — SCHIMPER, A. F. W.: Untersuchungen über die Chlorophyllkörper und die ihnen homologen Gebilde. Jb. wiss. Bot. **16**, 119 (1885). — SCHLEIDEN, M. J.: Grundzüge der wissenschaftlichen Botanik, Bd. 2. Leipzig 1842. — SCHNARF, K.: Embryologie der Angiospermen. In Handbuch der Pflanzenanatomie, Bd. 10/2. Berlin 1929. — Anatomie der Gymnospermen-Samen. In Handbuch der Pflanzenanatomie, Bd. 10/1. Berlin 1937. — SCHUBERT, K.: Zur Kenntnis der Blumenblattepidermis. Bot. Archiv **12** (1925). — SCHUMACHER, W.: Über Eiweißumsetzungen in Blütenblättern. Jb. wiss. Bot. **75**, 581 (1932). — SEYBOLD, A.: Untersuchungen über die Formgestaltung der Blätter der Angiospermen. Bibliotheca genetica **12** (1927). — Über die Indentität von Trichosanthin und Protochlorophyll Sitzgsber. Heidelberg. Akad. Wiss., Math.-naturwiss. Kl. **1939**, 1. — Pflanzenpigmente und Lichtfeld als physiologisches, geographisches und landwirtschaftlich-forstliches Problem. Ber. dtsch. bot. Ges. **60**, 64 (1943). — Die Blattfarbstoffe und ihre physiologische Bedeutung. Umschau **1943**, H. 13. — Zur Kenntnis der herbstlichen Laubblattfärbung. Bot. Archiv **44**, 551 (1943). — Zur Kenntnis des Protochlorophylls. III. Planta (Berl.) **36**, 371 (1948). — SEYBOLD, A., u. H. BÜHLER: Bestimmungen des Phosphorgehaltes plasmo- und chymochromer Blumenblätter. Biol. Zbl. **69**, 226 (1950). — SEYBOLD, A., u. K. EGLE: Lichtfeld und Blattfarbstoffe. I. Planta (Berl.) **26**, 491 (1937). — Lichtfeld und Blattfarbstoffe. II. Planta (Berl.) **28**, 87 (1938). — Untersuchungen über den Pigmentgehalt grüner Sporen und Samen. Bot. Archiv **43**, 78 (1941). — Seybold, A., u. H. Mehner: Über den Gehalt von Vitamin C in Pflanzen. Sitzungsber. Heidelberg. Akad. Wiss. 10. Abh. **1948**. — Seybold, u. A. Weissweiler: Spektrophotometrische Messungen an Blumenblättern. Bot. Archiv **45**, 358 (1944). — Shibata, Y.: The occurrence and physiological significance of flavone derivates in plants. J. of biol. Chem. **28** (1916). — Spiess, K. v.: Über die Farbstoffe des Aleurons. Österr. bot. Z. **54**, 445 (1904). — Steber, L.: Studien zur systematischen und pflanzengeographischen Verteilung von Blütenfarben, sowie ihrer anatomischen Lokalisation. Diss. München 1944. — Störmer, I., u. H. v. Witsch: Chemische und entwicklungsphysiologisch-genetische Untersuchungen über das Blütenfarbmuster der Gartenpetunie. Planta (Berl.) **27**, 1 (1938). — Strugger, S.: Praktikum der Zell- und Gewebephysiologie der Pflanze, 2. Aufl. Berlin 1949. — Über die Struktur der Proplastiden. Ber. dtsch. bot. Ges. **66**, 439 (1953). — Suessenguth, K.: Über den Farbwechsel der Blüten. Ber. dtsch. bot. Ges. **54**, 409 (1936). — Neue Ziele der Botanik, S. 74 ff. München 1938. — Tammes, T.: Über die Verbreitung des Carotins im Pflanzenreich. Flora (Jena) **87**, 205 (1900). — Tauböck, K.: Über Reaktionsprodukte von Flavonolen mit Borsäure und organischen Säuren und ihre Bedeutung für die Festlegung des Bors in Pflanzenorganen. Naturwissenschaften **30**, 439 (1942). — Tobler, G., u. F.: Untersuchungen über Natur und Auftreten von Carotinen. I. Früchte von *Momordica balsamina*. Ber. dtsch. bot. Ges. **28**, 788 (1910). — Troll, W.: Organisation und Gestalt im Bereich der Blüte. Berlin 1928. — Vogel, St.: Farbwechsel und Zeichnungsmuster bei Blüten. Österr. bot. Z. **97**, 44 (1950). — Walker, C.: Überblick über die Chemie der Carotinoide und ihre Verbreitung in der Natur. Diss. Zürich 1935. — Walter, H.: Einführung in die Phytologie, 2./3. Aufl., Bd. 1. Ludwigsburg 1950. — Wernle, P. L.: Untersuchungen über die Farbenverhältnisse in den Blüten der Flora Deutschlands. Dissertation Tübingen 1833. — Wettstein, R.: Handbuch der systematischen Botanik. Leipzig u. Wien 1935. — Wiesner, J.: Untersuchungen über die Farbstoffe einiger für chlorophyllfrei gehaltenen Phanerogamen. Jb. wiss. Bot. **8**, 575 (1872). — Willstätter, R., u. H. Mallison: Über Variationen der Blütenfarben. Ann. Chemie **408**, 154 (1915). — Wilschke, A.: Über die Fluoreszenz der Chlorophyllkomponenten. Z. Mikrosk. **31**, 338 (1914). — Wilson, C. W.: Eine Studie über die Borsäurereaktion von Flavonderivaten. J. Amer. Chem. Soc. **61**, 2303 (1939). — Winterstein, A., u. U. Ehrenberg: Über die Verbreitung und Natur der Carotinoide in Beeren. Z. physiol. Chem. **207**, 25 (1932). — Zechmeister, L.: Carotinoide. Berlin 1934.

Jahrgang 1942.

1. E. Gotschlich. Hygiene in der modernen Türkei. DM 0.60.
2. Studien im Gneisgebirge des Schwarzwaldes. XIII. O. H. Erdmannsdörffer. Über Granitstrukturen. DM 1.60.
3. J. D. Achelis. Die Überwindung der Alchemie in der paracelsischen Medizin. DM 1.40.
4. A. Benninghoff. Die biologische Feldtheorie. DM 1.—.

Jahrgang 1943.

1. A. Becker. Zur Bewertung inkonstanter α-Strahlenquellen. DM 1.—.
2. W. Blaschke. Nicht-Euklidische Mechanik. DM 0.80.

Jahrgang 1944.

1. C. Oehme. Über Altern und Tod. DM 1.—.

1945, 1946 und 1947 sind keine Sitzungsberichte erschienen.

Ab Jahrgang 1948 erscheinen die „Sitzungsberichte" im Springer-Verlag.

Inhalt des Jahrgangs 1948:

1. P. Christian und R. Haas. Über ein Farbenphänomen. DM 1.50.
2. W. Blaschke. Zur Bewegungsgeometrie auf der Kugel. DM 1.—.
3. P. Uhlenhuth. Entwicklung und Ergebnisse der Chemotherapie. DM 2.—.
4. P. Christian. Die Willkürbewegung im Umgang mit beweglichen Mechanismen DM 1.50.
5. W. Bothe. Der Streufehler bei der Ausmessung von Nebelkammerbahnen im Magnetfeld. DM 1.—.
6. W. Troll. Urbild und Ursache in der Biologie. DM 1.50.
7. H. Wendt. Die Jansen-Rayleighsche Näherung zur Berechnung von Unterschallströmungen. DM 2.40.
8. K. H. Schubert. Über die Entwicklung zulässiger Funktionen nach den Eigenfunktionen bei definiten, selbstadjungierten Eigenwertaufgaben. DM 1.80.
9. W. Schaaff. Biegung mit Erhaltung konjugierter Systeme. DM 1.80.
10. A. Seybold und H. Mehner. Über den Gehalt von Vitamin C in Pflanzen. DM 9.60.

Inhalt des Jahrgangs 1949:

1. H. Maass. Automorphe Funktionen und indefinite quadratische Formen. DM 3.60.
2. O. H. Erdmannsdörffer. Über Flasergranite und Böllsteiner Gneis. DM 1.20.
3. K. H. Schubert. Die eindeutige Zerlegbarkeit eines Knotens in Primknoten. DM 2.80.
4. K. Holldack. Grenzen der Herzauskultation. DM 4.20.
5. K. Freudenberg. Die Bildung ligninähnlicher Stoffe unter physiologischen Bedingungen. DM 1.—.
6. W. Troll und H. Weber. Morphologische und anatomische Studien an höheren Pflanzen. DM 7.80.
7. W. Doerr. Pathologische Anatomie der Glykolvergiftung und des Alloxandiabetes. DM 9.80.
8. W. Threlfall. Knotengruppe und Homologieinvarianten. DM 1.50.
9. F. Oehlkers. Mutationsauslösung durch Chemikalien. DM 3.80.
10. E. Sperner. Beziehungen zwischen geometrischer und algebraischer Anordnung. DM 3.—.
11. F. Heller. Ursus (Plionarctos) stehlini Kretzoi. DM 4.80.
12. W. Rauh. Klimatologie und Vegetationsverhältnisse der Athos-Halbinsel und der ostägäischen Inseln Lemnos, Evstratios, Mytiline und Chios. DM 10.50.
13. Y. Reenpää. Die Schwellenregeln in der Sinnesphysiologie und das psychophysische Problem. DM 1.60.